高等院校程序设计系列教材

Go 语言
程序设计教程

张传雷 王辉 李建荣 编著

清华大学出版社
北 京

内 容 简 介

本书共 13 章。第 1～3 章分别讲解 Go 语言、基本数据类型和各种运算符的使用;第 4 章主要讲解选择和循环两种控制结构;第 5 章讲解函数与方法;第 6 章讲解数据容器;第 7 章讲解结构体;第 8 章讲解接口,这部分内容难度稍大;第 9 章讲解协程与通道;第 10～12 章分别讲解异常处理、正则表达式、文件和文件夹;第 13 章讲解常用的内置包。

本书立足于自学,在知识体系上尽量做到完备,采用的例子既简单又精炼。本书配套电子课件以及全部源代码资源。

本书可作为高等院校人工智能等相关专业的 Go 语言教材,也可作为 Go 语言爱好者的参考用书。

图书在版编目(CIP)数据

Go 语言程序设计教程/张传雷,王辉,李建荣编著. —北京:清华大学出版社,2024.4
高等院校程序设计系列教材
ISBN 978-7-302-65754-5

Ⅰ.①G… Ⅱ.①张… ②王… ③李… Ⅲ.①程序语言-程序设计-教材 Ⅳ.①TP312

中国国家版本馆 CIP 数据核字(2024)第 052318 号

责任编辑:袁勤勇　常建丽
封面设计:常雪影
责任校对:王勤勤
责任印制:宋　林

出版发行:清华大学出版社
   网　　址:https://www.tup.com.cn,https://www.wqxuetang.com
   地　　址:北京清华大学学研大厦 A 座　　　　　邮　　编:100084
   社 总 机:010-83470000　　　　　　　　　　邮　　购:010-62786544
   投稿与读者服务:010-62776969,c-service@tup.tsinghua.edu.cn
   质量反馈:010-62772015,zhiliang@tup.tsinghua.edu.cn
   课件下载:https://www.tup.com.cn,010-83470236
印 装 者:三河市龙大印装有限公司
经　　销:全国新华书店
开　　本:185mm×260mm　　　　印　　张:9.25　　　　字　　数:224 千字
版　　次:2024 年 4 月第 1 版　　　　　　　　　　印　　次:2024 年 4 月第 1 次印刷
定　　价:36.00 元

产品编号:103526-01

FOREWORD

前 言

  Go 语言诞生于 2009 年 10 月，由当今世界计算机领域重量级人物设计开发，如肯·汤普逊等。Go 语言的设计初衷为"兼具 Python 等动态语言的开发速度与 C/C++ 等编译型语言的性能与安全性"，有时 Go 语言也被称为"21 世纪的 C 语言"。Go 语言的用途很广泛，如系统编程、网络编程、并发编程和分布式编程。目前，很多重要的开源项目都是使用 Go 语言开发的，如 Docker。截至 2023 年 11 月，Go 语言在 TIOBE 官方网站上排名为第 13 名。

  那么，为什么要学习 Go 语言呢？下面简单罗列 Go 语言的几个主要特性。随着 Go 语言的深入学习，读者会慢慢地领会到这些特性。

  (1) 语法简单，只有 25 个关键字；

  (2) 拥有丰富的内置包(46 个)，这使得程序开发人员可以很容易地编写出既高效又可靠的代码；

  (3) 在语法层支持并发，拥有同步并发的 channel 类型，这使得并发编程变得很容易；

  (4) 没有继承、多态、类等面向对象的相关概念；

  (5) 丰富的库和详细的开发文档。

  课时安排较少的学校，可以只学到第 9 章的协程与通道以及第 13 章常用的内置包。第 10～12 章内容可自学。本课程是"机器学习""模式识别""自然语言处理"等课程的先修课程，读者一定要夯实基础。

  本书由天津科技大学人工智能学院具有丰富教学经验的一线教师编写。本书在编写过程中得到学院领导和同事，特别是可婷、孙迪、赵婷婷、张中伟、刘尧猛、吴超、刘建征、丁忠林等教师的大力支持，在此深表感谢！书中的个别素材来源于网络，在此对所用素材作者表示感谢。

  由于时间仓促，编者水平有限，书中难免存在一些疏漏或错误之处，敬请广大读者批评指正。

编 者

2023 年 10 月

高等院校程序设计系列教材

目 录

第 1 章
初识 Go 语言

1.1 Go 语言简介

2007 年 12 月,罗伯特·格瑞史莫(Robert Griesemer)、罗伯·派克(Rob Pike)和肯·汤普逊(Kenneth Thompson)三人开始主持开发 Go 语言(或 Golang),并于 2009 年 10 月 30 日正式对外公布。罗伯特·格瑞史莫曾参与开发了 Java 语言的 HotSpot 虚拟机,负责 Chrome 浏览器的 JavaScript v8 引擎的设计。罗伯·派克是 Go 语言项目的总负责人,贝尔实验室 UNIX 团队成员,曾帮助开发了分布式多用户操作系统 Plan 9,也是 UTF-8 发明人之一。肯·汤普逊是图灵奖得主,UNIX 之父,C 语言的发明人之一。由上述可知,Go 语言是当今计算机领域重量级人物设计开发的。

Go 语言的设计初衷是"兼具 Python 等动态语言的开发速度与 C/C++ 等编译型语言的性能与安全性",有时 Go 语言也被称为"21 世纪的 C 语言"。Go 语言的用途很广泛,可进行系统编程、网络编程、并发编程和分布式编程等。目前,很多重要的开源项目都是使用 Go 语言开发的,如 Docker。截至 2023 年 11 月,Go 语言在 TIOBE 官方网站(https://www.tiobe.com/tiobe-index/)上排名为第 13 名,如图 1-1 所示。

Nov 2023	Nov 2022	Change	Programming Language	Ratings	Change
1	1		Python	14.16%	-3.02%
2	2		C	11.77%	-3.31%
13	11	∨	Go	1.19%	+0.05%

图 1-1 Go 语言在 TIOBE 官方网站的排名

下面简单罗列 Go 语言的几个主要特性。随着 Go 语言的深入学习,读者会慢慢领会到这些特性,现在不理解没关系。

- 语法简单,只有 25 个关键字(Keyword);
- 拥有丰富的内置包(46 个),这使得开发人员可以很容易地编写出既高效又可靠的代码;
- 在语法层面支持并发(Concurrency),拥有同步并发的 channel 类型,这使得并发编程变得很容易;

- 没有继承(Inheritance)、多态(Polymorphism)、类(Class)等面向对象的相关概念；
- 丰富的库和详细的开发文档。

1.2 安装 Go 语言开发环境

要想调试和运行 Go 源程序,首先必须正确安装 Go 编译器。Go 编译器的下载网址为 https://golang.google.cn/dl/。根据所用操作系统的类型等性能指标决定选择相应版本的 Go 编译器。本书使用的是 64 位的 go1.19.5.windows 版本。Go 语言官方网站提供的下载页面如图 1-2 所示。

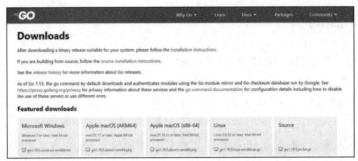

图 1-2 Go 语言官方网站提供的下载页面

安装 Go 编译器时会启动一个引导过程。以 Windows 操作系统为例,该引导过程如图 1-3 所示。

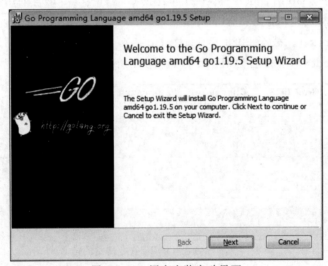

图 1-3 Go 语言安装启动界面

Go 语言安装成功界面如图 1-4 所示。

LiteIDE 是一款专门为 Go 语言设计开发的开源、跨平台、轻量级的集成开发环境 IDE (Integrated Development Environment),支持 Windows、Linux 和 macOS X 平台。LiteIDE 的下载网址为 https://sourceforge.net/projects/liteide/files/。本书下载的版本是 liteidex38.0. win64-qt5.15.2.zip。LiteIDE 是绿色版的、Zip 格式的压缩文件,因此无须安装。可将压缩包解

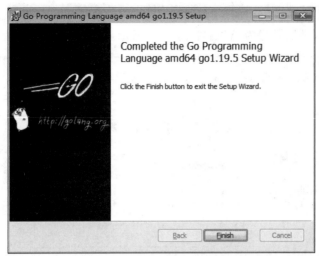

图 1-4　Go 语言安装成功界面

压到任意目录，解压后会得到一个与压缩包同名的文件夹，在该文件夹中有一个 liteide 子文件夹，进入 liteide 的 bin 文件夹，可在 bin 文件夹中找到一个名为 liteide.exe 的可执行文件，它就是 LiteIDE 的启动程序。

图 1-5　LiteIDE 桌面快捷方式

　　双击 liteide.exe 就可以打开 LiteIDE。为了方便使用，建议在桌面上创建 LiteIDE 快捷方式，如图 1-5 所示。创建快捷方式的操作步骤：在 liteide.exe 上右击，在弹出的快捷菜单中选择"发送到"→"桌面快捷方式"。LiteIDE 的起始页如图 1-6 所示。

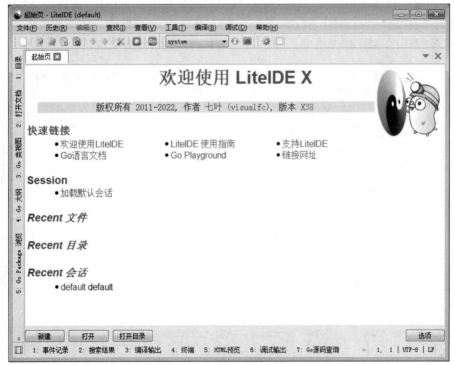

图 1-6　LiteIDE 的起始页

接下来,修改 LiteIDE 的当前运行环境。因为本书使用的是 64 位 Windows 10 操作系统,因此需要将运行环境设置为 Win64,如图 1-7 所示。

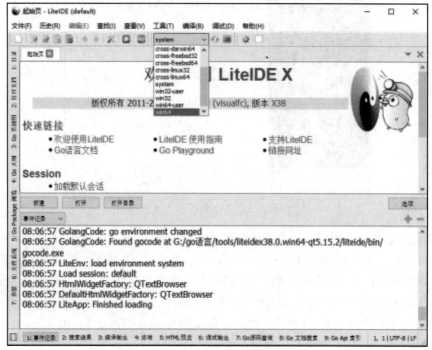

图 1-7　修改 LiteIDE 的当前运行环境

配置当前运行环境。单击"工具"菜单,在弹出的下拉菜单中选择"编辑当前环境"菜单命令,在打开的文件中找到"♯GOROOT=xxx",将其修改为操作系统环境变量中对应的值,如图 1-8 所示。保存修改结果。至此,LiteIDE 已经基本配置完成了。

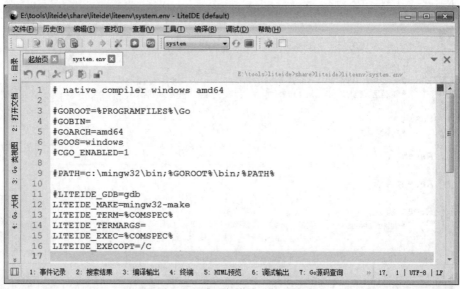

图 1-8　配置当前的运行环境

1.3　第一个 Go 程序

下面创建一个项目,以测试 Go 语言的编程环境是否配置正确。首先在"文件"菜单中选择"新建",在弹出的窗口中选择系统默认的 GOPATH 路径,此处为"C:\Users\whui\go",模板选择"Go1 Command Project",最后填写项目名称 hello,并选择合适的目录"G：/go 语言/programs",如图 1-9 所示,确认无误后单击 OK 按钮。

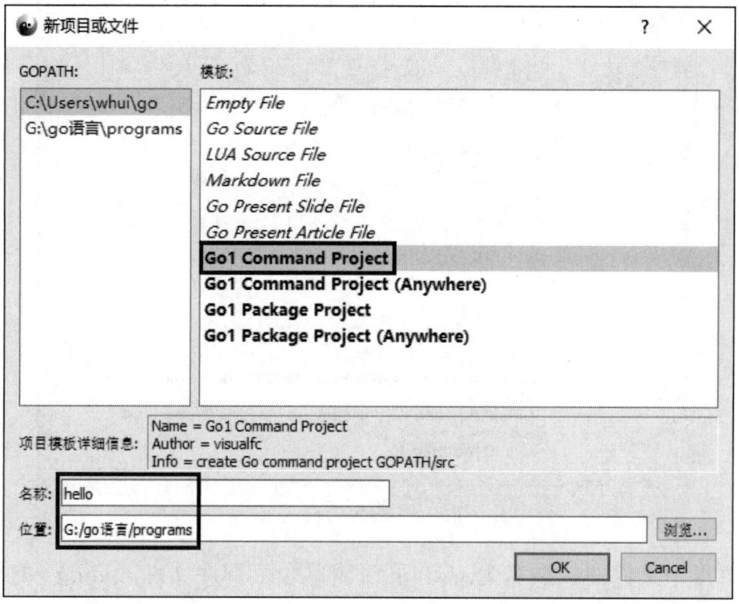

图 1-9　新建项目

编译器为新建项目自动生成了 doc.go 和 main.go 两个文件,并在 main.go 中生成了一些简单的代码,如图 1-10 所示。单击编辑器右上方的 BR(Build and Run)按钮,就可以编译并运行 main.go 中的代码了,同时在当前目录下生成一个.exe 可执行文件,如图 1-11 所示。

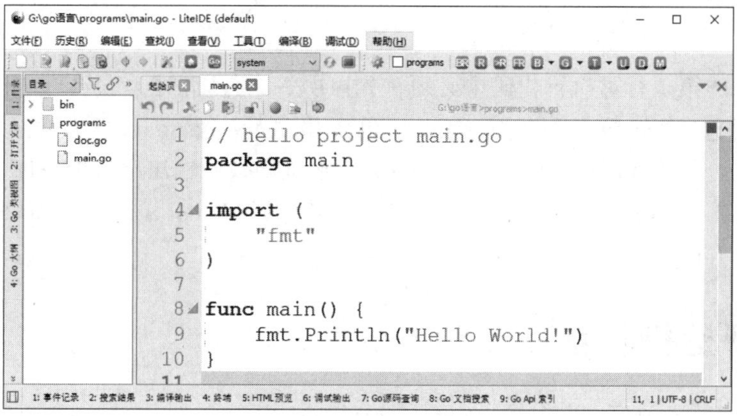

图 1-10　新建项目 hello

首次运行图 1-10 中的代码,可能会发生 go：go.mod file not found in current directory or any parent directory；see 'go help modules' 错误。解决该问题的方法：使用命令提示符 cmd 将目录切换至项目目录 programs，然后执行下列两条命令即可。

```
G:\go 语言\programs>go env -w GO111MODULE=on          //w=write 写环境变量
G:\go 语言\programs>go mod init programs
```

上一行命令的功能：在当前目录 programs 下初始化（Initialization）go.mod。

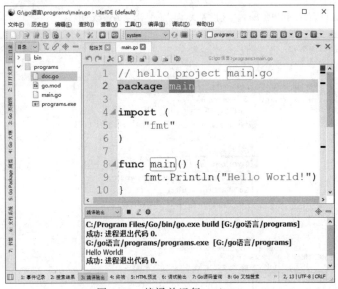

图 1-11　编译并运行 main.go

Go 语言源程序文件的扩展名为.go。下面简单介绍程序文件 main.go 的结构。

```
package main                                      //声明包 main
import (                                          //导入包 fmt
    "fmt"
)
func main() {                                     //程序的主函数 main()
    fmt.Println("Hello World!")
}
```

在源程序的第 1 行可执行代码中必须首先声明一个包，此处为 package main；接着导入程序中用到的包，此处导入包 fmt，包 fmt 包含格式化（Format）标准输入输出函数，如 Printf()、Scanf()；最后是程序的主函数 main()，在该函数中输出字符串"Hello World!"。

除了 LiteIDE，其他 Go 语言的集成开发环境还包括 Visual Studio Code、Sublime Text、Eclipse Go 和 JetBrains GogLand 等。

1.4　编译运行和管理代码

Go 是一种编译型语言，编译器将源代码编译成可执行代码。要创建并运行 Go 程序，必须执行如下步骤：

（1）使用文本编辑器创建 Go 程序；

（2）保存 Go 程序；

（3）编译 Go 程序得到可执行文件；

（4）运行可执行文件。

除使用 LiteIDE 工具栏提供的各种按钮编译运行程序外，还可以在命令提示符下以命令的方式编译运行程序，如表 1-1 所示。表 1-1 中的 3 个命令都可用于一个或多个 Go 源程序文件。

表 1-1　编译运行命令

命　　令	功　　能
go run	编译程序文件，直接执行程序文件中的 main() 函数，在当前工作目录中不生成可执行文件
go build	同 go run，不同之处是其在当前工作目录中生成可执行文件
go install	同 go build，不同之处是其将编译得到的二进制文件保存在 $GOPATH/bin 目录

除了这些编译运行命令，还有一些维护与管理代码的工具，如 go bug、go clean、go doc、go get、go generate。在命令提示符下，使用 go help 命令可查看命令的完整列表，如图 1-12 所示。

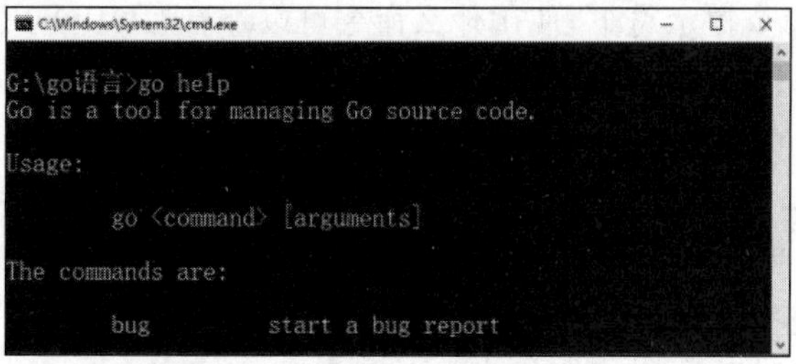

图 1-12　go help 命令

注释（Comment）是对代码的解释与说明。在编译源程序时，编译器会自动忽略这些注释。与 C 语言相同，Go 语言的注释分两种：一种是单行注释，以"//"开头；另一种是多行注释，以"/*"开头，以"*/"结尾。

举例：

```
func main() {
    var minute = 5
    /* 计算已用时间的百分比 */
    percentage := (minute * 100) / 60
    var v = 5                                    //速度,单位为"米/秒"
    fmt.Println(percentage, v)
}
```

上述代码的输出结果：8 5

1.5　小结

Go 语言诞生于 2009 年 10 月 30 日，它主要由罗伯特·格瑞史莫、罗伯·派克与肯·汤普逊三人共同开发完成。Go 语言有时也被称为"21 世纪的 C 语言"，它兼具 Python 等动态语言的开发速度及 C/C++ 等编译型语言的性能与安全性。Go 语言在系统编程、网络编程、并发编程等领域有十分广阔的应用前景。

　　本章主要讲述了 Go 语言编译器的安装；集成开发环境 LiteIDE 的设置与使用；Go 语言的 Hello World 程序；在命令提示符下编译运行和管理代码的各种工具；Go 语言的两种注释形式。初学者学习 Go 语言时，可尝试阅读其官网提供的各种优质资源，如 Effective Go(https://golang.google.cn/doc/effective_go)。

练习题

　　1. Go 语言诞生于＿＿＿＿＿＿年，其创始人有＿＿＿＿＿＿个，其中＿＿＿＿＿＿也是 C 语言的创始人之一。

　　2. Go 语言是编译型语言，还是解释型语言？

　　3. Go 语言的用途很广泛，如并发编程，请再给出一个例子。

　　4. 说出 Go 语言的一个主要特性。

　　5. Go 程序的主函数是什么？

　　6. 在 Windows 命令提示符下，使用什么命令可以查看 GOROOT 的值？

　　7. 编写 Go 程序，输出文字"您好，中国！"。

　　8. 要创建并运行 Go 程序，必须执行的 4 个步骤是什么？

　　9. Go 语言的注释有几种？分别是什么？分别使用什么符号？

　　10. 在 Windows 命令提示符下，编译并运行 Go 程序的 3 个命令是什么？

　　11. fmt 是哪个英文单词的缩写？其包含哪些类型的函数？

　　12. 查阅资料，写出路径 GOPATH 与 GOROOT 的功能。

　　13. 下列程序是否有错误？如有，应该怎样修改？为什么会发生错误？

```
func main()
{
    fmt.Println("您好，中国！")
}
```

　　14. 与 C 语言类似，Go 语言也使用分号(Semicolon)作为语句的结束标志，但与 C 语言有所不同，Go 语言依据一条简单的规则判断是否需要插入分号。查阅资料，写出 Go 语言的分号自动插入规则。

　　15. 查阅资料，说出 Go 编译器自动生成的文件 go.mod 的功能(Go 语言的版本号≥1.11)。

　　16. 查阅资料，回答 Go 语言的 main 包与 main() 函数有何关系。

第 **2** 章
基本数据类型

在 Go 语言中,数据类型分为基本数据类型和组合数据类型,简称基本型和组合型,如表 2-1 所示。基本型包括布尔型、字节型、数值型、字符串型和 rune 型;数值型又进一步细分为整型、浮点型和复数。本书将在第 6 章详细讲解组合数据类型。

表 2-1　Go 语言数据类型

数据类型				
	基本型	布尔型	bool	true 或 false
		字节型	byte	uint8 的别名,示例: 'A'
		数值型	int	整型,示例: 2, 1
			float32 或 float64	浮点型,示例: 3.14
			complex64 或 complex128	复数,示例: 3 + 4i
		字符串型	string	字符串,示例: "hello"
		rune 型	rune	int32 的别名
	组合型①	—	—	—

整型(Integer)又分有符号整型和无符号整型两种。有符号整型(Signed Integer)包括 int、int8、int16、int32 和 int64。对应地,无符号整型(Unsigned Integer)包括 uint、uint8、uint16、uint32 和 uint64。在多数情况下,只使用整型数据 int 就足够了。另外,还有一种在底层编程时经常用到的无符号整型 uintptr,用于存放指针(Pointer)。

2.1 变量

在 Go 语言中,声明变量(Declaration Variable)使用关键字 var,其语法格式如下:

```
var variableName type
```

其中,variableName 是变量名,type 是 variableName 的数据类型。

```
var age int                          //声明一个整型变量 age
```

在声明变量的同时,也可以对其进行初始化。

---

① 　组合型又叫作数据容器(Container)。

```
var age int = 1                              //此时可以省略不写数据类型
```

如果省略数据类型,则编译器会根据赋值符(=)右侧的整型常量 1,推断变量 age 的数据类型为整型,也可以同时声明多个变量,并将数据类型相同的变量写在同一行(也可以分行写)。

```
var(
    name, location string                    //变量 name 和 location 都是字符串类型
    age int
)
```

在声明多个变量的同时,可以对它们进行部分初始化。

```
package main                                 //包 main
import (
    "fmt"                                    //导入包 fmt
)
func main() {                                //包 main 中必须有且只能有一个 main()函数
    var (
        //"多重赋值"特性:要么都赋值,要么都不赋值,不能进行部分赋值
        name, location string = "Hui", "Tianjin"
        age int                              //不赋值时,age 的默认值为 0
    )
    fmt.Println(name, location, age)         //输出 Hui Tianjin 0
}
```

上面讲述了变量声明的一般形式和批量形式,另外还有一种简短形式。

```
x := 0                                       //冒号与等号之间没有空格
```

使用变量声明的简短形式有以下 3 个限制条件:
(1) 在声明的同时必须对变量进行初始化;
(2) 不能指定数据类型;
(3) 只能在函数内部使用。
将变量声明的批量形式与简短形式相结合。

```
x, y := 0, 1
```

怎样互换两个变量的值呢? 答案是使用 Go 语言的"多重赋值"(Multiple Assignment)特性。

```
var a int = 1
var b int = 2
a, b = b, a                                  //多重赋值
fmt.Println(a, b)
```

在 Go 语言中,变量必须先声明再使用,而且必须使用。

```
func main() {
    a = 5                                    //错误,变量 a 没有声明,可修改为 var a = 5
}
```

```
func main() {
    var a int                                    //错误,变量 a 声明以后没有使用
}
```

上述代码修改如下：

```
func main() {
    var a int                                    //整型变量的默认值为 0
    fmt.Println(a)                               //输出 0
}
```

变量在同一个作用域内不能重复声明。

```
func main() {
    var a int
    var a = 5                                    //错误,重复声明变量 a
    fmt.Println(a)
}
```

在 Go 语言中,变量命名必须遵循以下 3 个条件：

(1) 只能使用 52 个大小写英文字母、0~9 十个阿拉伯数字和一个下画线"_"；

(2) 变量名不能以数字开头；

(3) 不能使用 Go 编译器的关键字,Go 语言的 25 个关键字如表 2-2 所示。

表 2-2　Go 语言的 25 个关键字

关键字	说　　明	关键字	说　　明	关键字	说　　明
break	终止	case	选项	chan	通道
const	声明常量	continue	继续	default	缺省
defer	在函数退出前执行	else	选择	fallthrough	通过
for	循环	func	定义函数和方法	go	并发
goto	跳转	if	选择	import	导入
interface	接口	map	映射	package	包
range	遍历	return	从函数返回	select	分支选择
struct	结构体	switch	分支选择	type	声明类型
var	声明变量				

下面给出几个变量名：

```
firstName
myVar
1a                                               //变量名非法,不能以数字开头
a@                                               //变量名非法,不能使用符号@
```

在 Go 语言中,变量名的书写惯例是采用 MixedCaps 或 mixedCaps 形式。本书采用第二种形式,即第一个单词的首字母小写,其他单词的首字母大写,如 numWords。

变量一旦被声明,Go 编译器就会自动为其赋零值。整型 int 赋值 0、浮点型 float 赋值

0.0、布尔型 bool 赋值 false、字符串型 string 赋值空字符串""、指针赋值 nil。也就是说,变量占用的内存空间会被自动初始化,这与 C 语言不同。

与 Python 语言类似,Go 语言也有一个特殊变量——匿名变量(Anonymous Variable)。匿名变量以下画线"_"表示。匿名变量不占用命名空间(Name Space),编译器也不会为其分配内存,因此匿名变量之间不存在重复声明的问题。进行多重赋值时,如果想忽略某个值,则可以使用匿名变量。

```
func main() {
    var a int
    _, a = 1, 2                        //进行多重赋值,忽略整数 1
    fmt.Println(a)                     //输出 2
}
```

变量在程序中起作用的范围称为变量的作用域。在不同作用域内出现的同名变量,相互之间是互不影响的。根据变量在程序中所处的位置和作用范围,可将变量分为局部变量(Local Variable)和全局变量(Global Variable)。

局部变量是指在函数内部(包括函数头)定义的变量,其作用范围仅限于函数内部(包括函数头)。局部变量只在定义它们的函数被调用后存在,函数调用结束后这些局部变量将不复存在。

举例:

```
package main
import (
    "fmt"
)
func main() {
    var a int = 0                      //声明局部变量 a 并赋值 0
    var b int = 1                      //声明局部变量 b 并赋值 1
    c := a + b                         //声明局部变量 c 并赋值 a 与 b 的和
    fmt.Printf("a = %d, b = %d, c= %d\n", a, b, c)
}
```

上述代码的执行结果:

a = 0, b= 1, c = 1

全局变量是指在所有函数外部定义的变量,它在程序执行的整个过程中都有效。全局变量只在一个源文件中定义,就可以在所有源文件中使用。当然,不包含全局变量的源文件,需要使用 import 关键字导入这些全局变量所在的源文件后才能使用它们。另外,全局变量必须使用 var 关键字进行声明。如果想在外部包中使用全局变量,那么全局变量的首字母必须大写。

```
var c int                          //声明全局变量
func main() {
    var a, b int                   //声明局部变量
    a = 0
    b = 1
    c = a + b                      //注意与上一个例子的区别
```

```
    fmt.Printf("a = %d, b = %d, c = %d\n", a, b, c)
}
```

如果全局变量与局部变量的名称相同,那么在函数体内部局部变量会被优先使用。

```
var a int = 10                          //声明全局变量 a
func main() {
    var a int = 0                       //声明局部变量 a
    fmt.Printf("a = %d\n", a)           //输出结果 a = 0
}
```

2.2　字符串型

字符串有两种表现形式:一种是双引号""形式;另一种是反引号`形式。双引号里的字符串可以由单个字符组成,也可以由多个字符组成。字符串的数据类型为 string。双引号里可以包含转义字符,如换行符"\n"。

```
func main() {
    fmt.Printf("%s\n", "a")             //不能使用格式控制字符%c 输出
    fmt.Printf("%s\n", "大国重器")
    //在"伟大的"与"中国梦"之间输出一个跳格
    fmt.Println("伟大的\t 中国梦")
}
```

上述代码的输出结果:

```
a
大国重器
伟大的    中国梦
```

双引号里面可以包含换行符\n,但是字符串不能分行输入。

```
fmt.Println("伟大的
    中国梦")                            //代码错误,不能分行输入
fmt.Println("伟大的\n 中国梦")          //代码正确,可以包含换行符\n
```

反引号中的字符串会原封不动地输出。转义字符在反引号中是无效的,但是其中的字符串可以分行输入。

```
func main() {
    fmt.Println(`反引号里面的第一行字符串,
    第二行字符串 \n,
    最后一行字符串。`)
}
```

上述代码的输出结果:

```
反引号里面的第一行字符串,
    第二行字符串 \n,
    最后一行字符串。
```

2.3　字节型与 rune 型

在 Go 语言中,字符(Character)需要用单引号括起来。字符分为两种类型:一种是 uint8 类型,即字节型 byte,它代表一个 ASCII 字符;另一种是 rune 类型,它代表一个 UTF-8 字符。当需要处理包括中文、拉丁文等语言在内的分词(Segmentation)、字符计数等问题时,就需要用到 rune 类型。rune 类型等价于整型 int32。英文字母在系统底层占 1 字节,而特殊字符、汉字等则占 2~4 字节。Go 语言的内置函数 len() 根据字节数(不是字符数)计算字符串的长度(Length),这与肉眼看到的结果不一致。

举例:

```
func main() {
    s := "amazing 中国梦"          //变量 s 的数据类型为字符串 string
    fmt.Println(len(s))           //输出 16
    fmt.Println(len([]rune(s)))   //输出 10,与肉眼看到的结果相吻合
}
```

上述代码的输出结果:

```
16      //一个汉字用 3 字节存储,7 + 3 * 3 = 16
10      //英文字母 7 个 + 汉字 3 个,7 + 3 = 10
```

在上述代码中,使用 rune(s) 函数将字符串 s 转换为 rune 类型后,计算得到的字符串长度与肉眼看到的结果相吻合。[] 表示切片(Slice),它是一种特殊的数组,其长度是可变的。1 字节能够表示的整数范围是[0,255]。输出字符时,需使用格式控制符%c。

举例:

```
func main() {
    var r1 byte = 'a'
    r2 := 'a'                       //编译器根据上下文推断 r2 为 rune 型
    var r3 rune = 'a'               //变量 r3 为 rune 类型
    fmt.Printf("r1 = %c\n", r1)     //输出字符时使用格式控制符%c
    fmt.Printf("r1 = %d\n", r1)     //输出十进制整数使用格式控制符%d
    fmt.Printf("97 = %c\n", 97)     //[0, 255]范围的整数也可以以字符输出
    fmt.Printf("r1 Type: %T\n", r1) //输出变量的数据类型使用格式控制符%T
    fmt.Printf("r2 Type: %T\n", r2)
    fmt.Printf("r3 Type: %T\n", r3)
}
```

上述代码的输出结果:

```
r1 = a
r1 = 97
97 = a
r1 Type: uint8
r2 Type: int32      //整型 int32 等价于 rune 型
r3 Type: int32
```

由于没有明确声明数据类型,因此编译器根据上下文推断变量 r2 为 rune 型,不是字节

型 byte。一个整数，只要它在 0～255 范围内，就可以用字符形式输出；反之，一个字符也可以用整数形式输出。

举例：

```
func main() {
    s := "a 国"
    fmt.Println(len(s))                 //输出 4
    sRune := []rune(s)                  //rune 数组
    sByte := []byte(s)                  //字节数组
    fmt.Println(sRune)
    fmt.Println(sByte)
}
```

上述代码的输出结果：

```
4
[97 22269]                          //英文字母 a 的 ASCII 值为 97
[97 229 155 189]
```

汉字"国"的 rune 值是 22269，它在计算机内部用 3 字节进行编码和存储。

2.4 常量

在程序的执行过程中，其值不能被改变的量称为常量（Constant）。Go 语言的常量分为数值常量、布尔常量和字符串常量。数值常量又分 3 种，分别是整型常量（包括字符常量）、浮点型常量和复数。整型常量可以用二进制数、八进制数、十进制数和十六进制数表示，如表 2-3 所示。

表 2-3 整型常量不同进制的表示

进　　制	引　导　符	示　　例
二进制（Binary）	0b 或 0B	0b111100
八进制（Octal）	0	074
十进制（Decimal）	—	60
十六进制（Hexadecimal）	0x 或 0X	0x3c

上述表格中给出了十进制数 60 对应的二进制数、八进制数和十六进制数 3 种表示形式。另外，进制只是整数的不同表示形式，用于辅助程序员更好地开发程序。不同进制的整数相互之间可以直接进行运算。无论采用何种进制表示，数据在计算机内部都以相同的格式存储。默认情况下，不同进制之间的运算结果以十进制数形式显示。

```
0b11                                //二进制数 11，以 0b 或 0B 开头
025                                 //八进制数 25，以 0 开头
5                                   //十进制数 5
0x35                                //十六进制数 35，以 0x 或 0X 开头
```

举例：

```
func main() {
    //二进制数 11、八进制数 25、十六进制数 35 分别等于十进制数 3、21、53
    var x = 0b11 + 025 + 5 + 0x35
    fmt.Println(x)                          //输出 82,3 + 21 + 5 + 53 = 82
}
```

常量与变量的声明方式类似，区别是常量使用关键字 const 声明，而变量使用关键字 var 声明。

```
const PI float64 = 3.14                     //声明浮点型常量 PI,全局常量
func main() {
    const x int = 5                         //声明整型常量,局部常量
    const y complex64 = 4 + 3i              //声明复数常量,局部常量
    fmt.Println(x)                          //输出 5
    fmt.Println(y)                          //输出 (4+3i),注意有小括号
    fmt.Println("PI =", PI)                 //输出 PI = 3.14
}
```

声明常量时，也可以不指定其数据类型。

```
const a = 1                                 //不指定数据类型
const b float64 = 1.5                       //指定数据类型 float64
b = 1.5                                     //错误,常量不能被重新赋值
```

浮点数包括 float32 和 float64 两种。很小或很大的浮点数最好用科学记数法表示，如 6.21E-14 和 4.37e21。

```
import (
    "fmt"
    "math"                                  //导入数学包 math
)
func main() {
    fmt.Printf("%f\n", math.Pi)            //输出浮点数用格式控制字符 %f
    fmt.Printf("%.2f\n", math.Pi)          //输出两位小数 %.2f
}
```

上述代码的输出结果：

```
3.141593                                    //浮点数默认输出 6 位小数
3.14
```

复数包括 complex64（实部和虚部各占 32 位）和 complex128（实部和虚部各占 64 位）两种。声明复数的语法格式如下：

```
var clx complex128 = complex(x, y)         //也可以简写为 clx := complex(x, y)
```

其中，clx 是变量名；complex128 是 clx 的数据类型；complex()是 Go 语言的内置函数，用于生成复数；x、y 分别是复数 clx 的实部（Real Component）和虚部（Imaginary Component）。

```
func main() {
    var x complex128 = complex(1, 2)
    var y complex128 = complex(3, 4)
```

```
    fmt.Println(x)                          //输出(1 + 2i),注意有小括号
    fmt.Println(real(x))                    //输出复数 x 的实部 1
    fmt.Println(imag(y))                    //输出复数 y 的虚部 4
    fmt.Printf("%T\n", real(x))             //输出 float64,x 实部的数据类型
    fmt.Printf("%T\n", imag(x))             //输出 float64,x 虚部的数据类型
}
```

由上述代码可知,使用 Go 语言的内置函数 real() 和 imag() 可分别获得一个复数的实部和虚部。在 Go 语言中,复数的虚部以 i(不能用大写的 i)作为后缀,这与 Python 语言不同(用 j 或 J 作为后缀)。当复数的虚部为 1 时,不能省略不写,如 2 + 1i 不能写作 2 + i。

布尔常量只有 true 和 false 两个,它们分别代表逻辑值"真"和"假"。

```
func main() {
    const falseConst = false
    var myBool = falseConst
    fmt.Println(myBool)                     //输出 false
}
```

字符常量需要用单引号括起来,输出时使用格式控制符%c 或%d,前者输出字符,后者输出字符对应的十进制整数。

```
func main() {
    const x = 97
    const y = 'A'
    fmt.Printf("%c\n", x)                   //输出 a
    fmt.Printf("%d\n", x)                   //输出 97
    fmt.Printf("%c\n", y)                   //输出 A
    fmt.Printf("%d\n", y)                   //输出 65
}
```

字符串常量有两种表现形式:一种是反引号形式,如`中国共产党人精神谱系`;另一种是双引号形式,如"good"。字符串常量支持连接运算符"+"和"+="。

```
func main() {
    const s1 = "hello"                      //不指定数据类型
    const s2 = "world"
    fmt.Println(s1 + s2)                    //输出 helloworld
    var s string = "hi"
    s += s2
    fmt.Println(s)                          //输出 hiworld
}
```

字符串常量还支持关系运算"=="和"!="。

```
fmt.Println("Good" == "good")              //输出 false
fmt.Println("Good" != "good")              //输出 true
```

与其他编程语言类似,Go 语言也支持一种特殊形式的字符常量,即以一个反斜杠"\"开头的字符序列,如"\n"表示换行。反斜杠"\"能改变其后字符的本来意义。Go 语言支持的以反斜杠"\"开头的转义字符(Escape Character),如表 2-4 所示。

表 2-4　转义字符

字 符 形 式	功　　能	字 符 形 式	功　　能
\a	警报或铃声 Alert	\b	退格 Backspace
\f	走纸换页 Form Feed	\n	换行符 Newline
\r	回车符 Carriage Return	\t	水平制表符 Tab
\v	垂直制表符 Vertical	\\	\
\'	'	\"	"
\ooo	三位八进制数对应的字符	\xhh	二位十六进制数对应的字符
\uhhhh	四位十六进制数对应的 Unicode 字符	\Uhhhhhhhh	八位十六进制数对应的 Unicode 字符

举例：

```
fmt.Println("Wang\tHui")
```

上述代码的输出结果：

```
Wang    Hui
```

下面再给出一个示例：

```
import (
    "fmt"
    "math"                          //导入数学包 math
)
const s string = "二十大"          //声明字符串常量,全局常量
func main() {
    fmt.Println(s)                  //输出"二十大"
    const n = 5
    const b = 3e2 / n
    fmt.Println(b)                  //输出 60
    fmt.Println(int64(b))           //输出 60
    fmt.Println(math.Sin(n))        //输出 -0.9589242746631385
}
```

iota 是 Integer Constant(整型常量)的缩写。iota 是 Go 语言的常量计数器,它只能在常量表达式中使用。

举例：

```
func main() {
    fmt.Println(iota)               //错误
}
```

可将上述代码改写成如下形式：

```
func main() {
    const a = iota
    fmt.Println(a)
```

```
}
```

iota 在 const 语句块中首次出现时被重置为 0，每新增一行常量声明，都会使 iota 的值加 1。可将 iota 视为 const 语句块的行索引。

举例：

```
func main() {
    const (
        a1 = iota              //a1 = 0
        a2 = 5                 //a2 = 5
        a3 = iota              //a3 = 2
    )
    fmt.Println(a1, a2, a3)    //输出 0 5 2
}
```

举例：

```
const (
    b1, b2 = iota + 1, iota + 2    //b1 = 1, b2 = 2 而不是 3
)
fmt.Println(b1, b2)                //输出 1 2
```

举例：

```
const (
    first = iota + 1
    second                 //等价于 second = iota+1,不是 second = iota
    third                  //等价于 third = iota+1,不是 third = iota
)
func main() {
    fmt.Println(first, second, third)    //输出 1 2 3
}
```

上述代码的输出结果：

```
1 2 3
```

2.5　基本的输入/输出函数

fmt 包提供的输出函数有 9 个，分别是 Print()、Printf()、Println()、Sprint()、Sprintf()、Sprintln()、Fprint()、Fprintf() 和 Fprintln()。本节主要讲述前 3 个输出函数的功能与用法。与输出函数相对应，fmt 包提供了 9 个输入函数，分别是 Scan()、Scanf()、Scanln()、Sscan()、Sscanf()、Sscanln()、Fscan()、Fscanf() 和 Fscanln()。本节主要讲述前 3 个输入函数的功能与用法。

2.5.1　输出函数

在 fmt 包中，输出函数 Print()、Printf() 和 Println() 的语法格式如下。

```
Print(输出项列表)              //输出项间无空格间隔,输出结束不换行
```

```
Println(输出项列表)                    //输出项间有一个空格间隔,输出结束换行
Printf("格式控制字符串", 输出项列表)  //f = format(格式)
```

常用的格式控制字符有%d、%f、%s、%c 等。为方便读者查询,表 2-5 列出了 Go 语言支持的整型的格式控制字符。

表 2-5　整型的格式控制字符

输 出 结 果	格式控制字符	说　　明
12	%d	十进制形式 decimal
+12	%+d	输出符号
＜　12＞	＜%4d＞	占四列,右对齐
＜12　＞	＜%-4d＞	占四列,左对齐
0012	%04d	占四列,用零填充
1100	%b	二进制形式 binary
14	%o	八进制形式 octal
c	%x	十六进制形式 hexadecimal,小写字母
C	%X	同上,大写字母
0xc	%#x	同上,0x 开头,小写字母

举例:

```
func main() {
    fmt.Printf("Hello World!\n")      //输出 Hello World!
    name, age := "Hui", 35
    fmt.Print(name, age)             //输出 Hui35,输出结束不换行
    fmt.Print("End")                 //输出 End,输出结束不换行
    fmt.Println()                    //输出一个换行
    fmt.Println(name, age)           //输出 Hui 35,输出结束换行
    fmt.Println("End")               //输出 End,输出结束换行
    fmt.Printf("Name = %s, Age = %d\n", name, age)
}
```

上述代码的输出结果:

```
Hello World!
Hui35End
Hui 35
End
Name = Hui, Age = 35
```

注意"格式控制字符串"中的非格式控制字符,如上述示例中的"Name ＝",被原样输出。

上述表格以输出整数 12 为例,给出格式控制字符的输出结果。下面以输出 123.456 为例,给出浮点数的各种输出结果,如表 2-6 所示。

表 2-6 浮点型的格式控制字符

输 出 结 果	格式控制字符	说　明
123.456000	%f	一般形式,输出 6 位小数
123.46	%.2f	保留 2 位小数
＜　123.46＞	＜%8.2f＞	共占 8 列(小数点占 1 列),保留 2 位小数
1.234560e+02	%e	科学记数法,输出 6 位小数
1.234560E+02	%E	同上,大写 E
123.456	%g	自动选择%e 或%f 以产生更紧凑的输出,不输出无意义的 0

下面以输出整数 65 为例,即大写字母'A',给出格式控制字符的各种输出结果,如表 2-7 所示。

表 2-7 单个字符的格式控制字符

输 出 结 果	格式控制字符	说　明
A	%c	字符 character
'A'	%q	同上,添加单引号 quote
U+0041	%U	字符对应的 Unicode 编码
U+0041 'A'	%#U	同上,同时输出字符

举例:

```go
func main() {
    fmt.Printf("%c\n", 'A')        //输出 A
    fmt.Printf("%c\n", 65)         //输出 A
}
```

下面以输出字符串"sofa"为例,给出字符串格式控制字符的输出结果,如表 2-8 所示。

表 2-8 字符串的格式控制字符

输 出 结 果	格式控制字符	说　明
sofa	%s	字符串 string
＜　sofa＞	%6s	占 6 列,右对齐
＜sofa　＞	%-6s	占 6 列,左对齐
"sofa"	%q	字符串,添加双引号 quote
736f6661	%x	ASCII 值的十六进制形式
73 6f 66 61	% x	同上,字节间添加空格

输出逻辑值时使用格式控制字符%t。如果想输出百分号%或反斜线\,则需要在格式控制字符串中使用两个百分号%%或两个反斜线\\。

举例:

```
func main() {
    fmt.Printf("%t\n", false)         //输出 false
    fmt.Printf("50%%\n")              //输出 50%
    fmt.Printf("\\\n")                //输出 \
}
```

查看数据类型(Type)时,使用格式字符%T;%p 以十六进制形式输出指针(Pointer)的值,其引导符为 0x。

```
func main() {
    var a int = 5
    var ptr * int                     //声明 int 类型的指针变量 ptr
    ptr = &a                          //将 a 的存储地址赋值给 ptr,& 为取地址符
    fmt.Printf("%T\n", a)             //输出 int
    fmt.Printf("%p\n", ptr)           //输出 0xc0000101b8
}
```

Sprintf()函数、Fprintf()函数与 Printf()函数的用法类似。Sprintf()函数格式化并返回一个字符串;Fprintf()函数将格式化后的字符串输出到 io.Writer。以此类推其他两组输出函数的功能与用法。

2.5.2 输入函数

在 fmt 包中,输入函数 Scan()、Scanf()和 Scanln()的语法格式如下。

```
Scan(地址列表)                    //用空格键、跳格键或 Enter 键分隔各输入项
Scanln(地址列表)                  //用空格键或跳格键分隔各输入项
Scanf("格式控制字符串", 地址列表)   //用空格键或跳格键分隔各输入项
```

Go 语言支持的格式控制字符参见 2.5.1 节。这 3 个函数都有 count 和 err 两个返回值。count 是用户输入的参数个数;err 是当用户输入错误时给出的提示信息。

举例: Scan()函数的使用。

```
func main() {
    var (
        name string
        age  int
    )
    count, err := fmt.Scan(&name, &age)
    fmt.Printf("name = %s, age = %d\n", name, age)
    fmt.Printf("输入了 %d 个参数\n", count)
    fmt.Print("错误提示信息:", err)
}
```

图 2-1 程序的执行结果(1)

Scan()函数会一直等待,直至用户完成输入。各个输入项之间用空格键、跳格键或 Enter 键分隔都可以。在源程序所在目录打开命令提示符 cmd,输入命令 go run main.go 执行程序,程序的执行结果如图 2-1 所示。

举例: Scanln()函数的使用。

乘风破浪

水木书苑

清华大学出版社
TSINGHUA UNIVERSITY PRESS

May all your wishes
come true

扬帆起航

水木书荟

如果知识是通向未来的大门，
我们愿意为你打造一把打开这扇门的钥匙！

https://www.shuimushuhui.com/

清华大学出版社
TSINGHUA UNIVERSITY PRESS

May all your wisnes
come true

```go
func main() {
    var name string
    var age int
    count, err := fmt.Scanln(&name, &age)
    fmt.Printf("name = %s, age = %d\n", name, age)
    fmt.Printf("输入了 %d 个参数\n", count)
    fmt.Print("错误提示信息:", err)
}
```

一旦遇到 Enter 键,Scanln()函数就认为输入已完成,而不管参数是否已全部赋值。在 Scanln()函数中各个输入项之间用空格键或跳格键分隔。在源程序所在目录打开命令提示符 cmd,输入命令 go run main.go 执行程序,结果如图 2-2 所示。

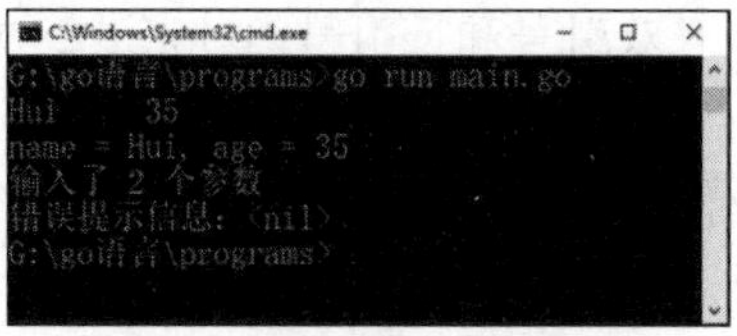

举例:Scanf()函数的使用。

图 2-2　程序的执行结果(2)

```go
import ( "fmt"; "log" )
func main() {
    var name string
    var age int
    count, err := fmt.Scanf("%s%d", &name, &age)
    if err != nil {
        log.Fatal(err)
    }
    fmt.Printf("name = %s, age = %d\n", name, age)
    fmt.Printf("输入了 %d 个参数\n", count)
}
```

在 Scanf()函数中,各个输入项之间用空格键或跳格键分隔。一旦遇到 Enter 键,Scanf()函数就认为输入已完成,而不管参数是否已全部赋值。在源程序所在目录打开命令提示符 cmd,输入命令 go run main.go 执行程序,程序的输出结果如图 2-3 所示。当发生输入错误时,程序的执行情况如图 2-4 所示。默认情况下,log 将错误信息输出到终端(Terminal)。每条日志的前面都会自动添加日期和时间。日志一旦输出完毕,程序立即调用 os.Exit(1)函数退出执行过程。

图 2-3　程序的输出结果(3)

图 2-4　发生输入错误时输出的日志信息

如果在"格式控制字符串"中还有其他非格式控制字符,则在输入数据时应输入与这些字符相同的字符。例如

```go
fmt.Scanf("a = %d", &a)
```

输入时应采用如下形式:

```
a = 5                                    //输入完成后按 Enter 键
```

2.6 小结

本章讲述了 Go 语言的两种数据类型：基本型和组合型。基本型包括布尔型、字节型、数值型、字符串型和 rune 型。数值型又进一步细分为整型、浮点型和复数。Go 语言使用关键字 var 声明一个变量。声明变量有 3 种方式，分别是一般形式、批量形式和简短形式。根据变量在程序中所处的位置和作用范围，变量可分为局部变量和全局变量。

为了方便处理中文、拉丁文等非英文字符而提出 rune 类型，它等价于整型 int32。字符串有双引号和反引号两种形式。单个字符需要用单引号括起来。转义字符是一种特殊形式的字符常量，如换行符\n。本章最后讲述了 iota 常量计数器、基本的输入/输出函数，如输出函数 Printf()、输入函数 Scanf()。

练习题

1. Go 语言的数据类型分为_____和_____。

2. Go 语言的基本数据类型包括布尔型、字节型、_____、_____和_____ 5 种。

3. Go 语言的数值数据类型包括_____、_____和_____ 3 种。

4. 整型又分为_____和_____两种。

5. 有符号整型包括 int、int8、int16、int32 和 int64，其实，在多数情况下，使用_____就足够了。

6. 用于存放指针的无符号整型是_____。

7. 声明变量使用的关键字是_____。

8. 使用 3 种方式声明两个整型变量 a 和 b，并分别赋值 1 和 2。

9. 变量声明的简短形式有 3 个限制条件，它们分别是什么？

10. 在 Go 语言中为变量命名必须遵循 3 个条件，它们分别是什么？

11. Go 语言一共有多少个关键字？请写出其中的 3 个。

12. 在 Go 语言中，变量名的书写惯例是采用_____或_____形式。

13. 变量一旦被声明，Go 编译器就会自动为其赋零值。整型、浮点型和布尔型分别对应的零值是什么？

14. 进行多重赋值时，如果想忽略某个值，可以使用什么变量？

15. 根据变量在程序中所处的位置和作用范围，可将变量分为_____和_____两种。

16. 阅读下列代码，写出输出结果。

```
var a int = 10
func main() {
    var a int = 0
    fmt.Printf("a = %d\n", a)
}
```

17. Go 语言的字符分为两种类型，它们分别是什么？

18. 一个整数，只要其值在什么范围，就可以用字符的形式输出？

19. 写出下列代码的输出结果。

```go
func main() {
    s := "我们都是中国人 hurray"
    n := len([]rune(s))
    fmt.Println(n)
}
```

20. 十进制数 20 对应的二进制数、八进制数和十六进制数分别是多少？

21. 声明常量使用的关键字是_____。

22. 浮点数包括_____和_____两种。很小或很大的浮点数最好用_____表示。

23. 布尔常量只有_____和_____两个，分别代表真和假。

24. 字符串常量的两种表现形式是_____和_____。

25. 写出 3 个常用的转义字符。

26. 使用基本的输入/输出函数前，需要先导入的包是什么？

27. 十进制整数、浮点数、字符串和字符在输出时，使用的格式字符分别是什么？

28. 想查看一个数据的类型，需要使用的格式字符是_____。

29. 3 个输出函数 Print()、Printf() 和 Println() 的区别是什么？

30. 执行下列代码时，分别为参数 name 和 age 赋值 "Hui" 和 35：

```go
func main() {
    var name string
    var age int
    count, err := fmt.Scanf("%s%d", &name, &age)
    fmt.Printf("name = %s, age = %d\n", name, age)
    fmt.Printf("输入了%d个参数\n", count)
    fmt.Print("错误提示信息:", err)
}
```

(1) 应该怎样输入这两个参数的值？

(2) 代码的输出结果是什么？

31. 写出下列代码的输出结果_____。

```go
const(
    first = iota + 1
    _
    third
)
func main() {
    fmt.Println(first, third)
}
```

第 **3** 章
运算符

在 Go 语言中,运算符(Operator)是一种特殊的符号,它表示应该执行何种计算。运算符作用的对象称为操作数(Operand)。

```
var a int = 1
var b int = 2
fmt.Println(a + b)                              //"+"是运算符,变量 a 和 b 是操作数
```

用运算符和括号将操作数连接起来的、符合 Go 语法规范的式子,称为表达式(Expression),如 a ＋ b － 5。一个单独的常量或变量也是表达式。Go 语言的内置运算符有算术运算符、关系运算符、逻辑运算符、位运算符、赋值运算符和其他运算符。

3.1 算术运算符

Go 语言中一共有 9 个算术运算符,如表 3-1 所示。

表 3-1 算术运算符

运算符	类 别	意 义	示 例	说 明
＋	一元	正号	＋a	正号
＋	二元	求和	a ＋ b	计算 a 与 b 的和
－	一元	负号	－a	负号
－	二元	求差	a － b	计算 a 与 b 的差
＊	二元	乘法	a ＊ b	计算 a 与 b 的积
/	二元	除法	a / b	计算 a 除以 b 的商
％	二元	求余	a ％ b	计算 a 除以 b 的余数
＋＋	一元	自增	a＋＋	等价于 a ＝ a ＋ 1
－－	一元	自减	a－－	等价于 a ＝ a－1

举例:

```
func main() {
    var a, b int = 5, 3
    fmt.Println("+a", +a)                        //输出+a 5
```

```
    fmt.Println("a + b", a+b)                    //输出 a + b 8
    fmt.Println("-a", -a)                        //输出-a -5
    fmt.Println("a - b", a-b)                    //输出 a - b 2
    fmt.Println("a * b", a*b)                    //输出 a * b 15
    fmt.Println("a / b", a/b)                    //输出 a / b 1
    fmt.Println("a % b", a%b)                    //输出 a % b 2
    a++
    fmt.Println("a", a)                          //输出 a 6
    b--
    fmt.Println("b", b)                          //输出 b 2
}
```

n ％ m 的计算结果是[0，m－1]。求余运算的一个应用场景是求一个多位数各个数位
上的数字。

```
func main() {
    var num int = 351
    fmt.Println(num / 100)                       //得到 num 百位上的数字 3
    fmt.Println(num / 10 % 10)                   //得到 num 十位上的数字 5
    fmt.Println(num % 10)                        //得到 num 个数上的数字 1
}
```

两个整数相除的结果为整数,而不是浮点数,这与 C 语言相同,如 5 / 2 ＝ 2,而不是 2.5。
表 3-2 给出了两个整数的除法与求余运算的 4 种情况。求余运算的结果,其符号与被除数
的符号相同。

表 3-2 两个整数的除法与求余运算

x	y	x / y	x % y
5	3	1	2
−5	3	−1	−2
5	−3	−1	2
−5	−3	1	−2

3.2 关系运算符

Go 语言中一共有 6 个关系运算符,如表 3-3 所示。

表 3-3 关系运算符

运算符	意 义	示 例	说 明
==	等于	a == b	如果 a 等于 b,则结果为 true;否则为 false
!=	不等于	a != b	如果 a 不等于 b,则结果为 true;否则为 false
<	小于	a < b	如果 a 小于 b,则结果为 true;否则为 false
<=	小于或等于	a <= b	如果 a 小于或等于 b,则结果为 true;否则为 false

续表

运算符	意 义	示 例	说 明
>	大于	a > b	如果 a 大于 b,则结果为 true;否则为 false
>=	大于或等于	a >= b	如果 a 大于或等于 b,则结果为 true;否则为 false

举例:

```go
func main() {
    var a, b int = 5, 3
    fmt.Println("a == b", a == b)          //输出 a == b false
    fmt.Println("a != b", a != b)          //输出 a != b true
    fmt.Println("a < b", a < b)            //输出 a < b false
    fmt.Println("a <= b", a <= b)          //输出 a <= b false
    fmt.Println("a > b", a > b)            //输出 a > b true
    fmt.Println("a >= b", a >= b)          //输出 a >= b true
}
```

3.3 逻辑运算符

Go 语言中一共有 3 个逻辑运算符,如表 3-4 所示。

表 3-4 逻辑运算符

运算符	示例	说 明
&&	a && b	逻辑与,如果 a 与 b 都为 true,则结果为 true;否则为 false
||	a || b	逻辑或,如果 a 与 b 都为 false,则结果为 false;否则为 true
!	!a	逻辑非,如果 a 为 false,则结果为 true;否则为 false

举例:

```go
func main() {
    var a bool = true
    var b bool = false
    fmt.Println("a && b", a && b)          //输出 a && b false
    fmt.Println("a || b", a || b)          //输出 a || b true
    fmt.Println("!a", !a)                  //输出 !a false
}
```

在逻辑表达式的求解过程中,并不是所有的表达式都会被执行。只有在必须执行下一个表达式才能确定其值时,才会执行这个表达式,这种特性叫作短路求值(Short-Circuit Evaluation)。计算 exp1 && exp2 时,如果 exp1 的值为 false,那么就不会计算 exp2 的值。因为不论 exp2 的值是 true 还是 false,整个表达式的值一定是 false,而不受 exp2 值的影响。同理,计算 exp1 || exp2 的值时,只要 exp1 的值为 true,就不会再计算 exp2 的值。

在某些情况下,利用短路求值特性可以编写出既简洁又高效的代码。假如有两个变量 a 和 b,想知道表达式 b / a 是否大于 0。考虑到 a 可能为 0,可以这样编写代码:

```
a != 0 && (b / a) > 0
```

当 a 为 0 时，a != 0 为 false，短路求值特性确保第二个表达式（b / a）> 0 不会被计算，从而避免引发程序异常。

3.4 位运算符

位运算符将操作数看作一个二进制数字序列，并对其进行逐位操作。Go 语言支持的位运算符如表 3-5 所示。

表 3-5 位运算符

运算符	示　例	意　义	说　明
&	a & b	按位与	对应位的与运算，只有两者都是 1，才为 1；否则为 0
|	a | b	按位或	对应位的或运算，只要有一个为 1，则为 1；否则为 0
^	^a	按位取反	将每一位都求反，如果为 0，则为 1；如果为 1，则为 0
^	a ^ b	按位异或	对应位的异或运算，如果两者不同，则为 1；否则为 0
&^	a &^ b	按位清零	b 的某位为 1 时，将 a 中的对应位清零，其他位不变
>>	a >> n	按位右移	将每一位都向右移动 n 位
<<	a << n	按位左移	将每一位都向左移动 n 位

举例：

```
func main() {
    var a uint8 = 12               //12 的二进制形式 00001100
    var b uint8 = 10               //10 的二进制形式 00001010
    fmt.Println("a & b", a&b)      //输出 a & b 8,8 的二进制形式 1000
    fmt.Println("a | b", a|b)      //输出 a | b 14,14 的二进制形式 1110
    fmt.Println("^a", ^a)          //输出 ^a 243,243 的二进制形式 11110011
    fmt.Println("a ^ b", a^b)      //输出 a ^ b 6,6 的二进制形式 110
    fmt.Println("a &^ b", a&^b)    //输出 a &^ b 4,4 的二进制形式 100
    fmt.Println("a >> 2", a>>2)    //输出 a >> 2 3,3 的二进制形式 11
    fmt.Println("a << 2", a<<2)    //输出 a << 2 48,48 的二进制形式 110000
}
```

3.5 赋值运算符

在 Go 语言中，"="就是赋值运算符，其作用是将"="右侧表达式的值赋给"="左侧的变量，如 b = a + 2。在赋值运算符"="的前面加上其他运算符，就构成了复合赋值运算符。如果在"="的前面添加一个"+"运算符，就构成了复合赋值运算符"+="。

```
a += 1 等价于 a = a + 1
a %= 3 等价于 a = a % 3
a ^= 5 等价于 a = a ^ 5
```

```
a *= 5 - 2 等价于 a = a * (5 - 2)          //注意,不是等价于 a = a * 5 - 2
```

算术运算符支持这种用法:

```
+=、-=、*=、/=和%=
```

举例:

```
func main() {
    var a int = 2
    a *= 3 - 1                  //等价于 a = a * (3 - 1),而不是 a = a * 3 - 1
    fmt.Println(a)             //输出是 4,而不是 5
}
```

位运算符也支持这种用法:

```
&=、|=、^=、>>=和<<=
```

举例:

```
func main() {
    var a uint8 = 2            //2 的二进制形式是 00000010
    a <<= 1                    //等价于 a = a << 1
    fmt.Println("a =", a)      //输出 a = 4
}
```

Go 语言的其他运算符有两个:一个是用于获取变量的存储地址 &;另一个是指针运算符 *。本书后面的章节再介绍这两个运算符。

3.6 运算符的优先级

求解一个表达式的值时,必须按照运算符的优先级(Preference)从高到低的顺序进行计算(括号除外)。表 3-6 按照优先级从高(级别 8)到低(级别 1)的顺序列出 Go 语言的部分运算符。

表 3-6 运算符的优先级

优先级	运 算 符	说 明
8	!、+x、-x、^x	逻辑非、正号、负号、按位取反
7	*、/、%、<<、>>、&、&^	乘、除、求余、左移、右移、按位与、按位清零
6	+、-、|、^	加、减、按位或、按位异或
5	==、!=、<、<=、>、>=	相等、不等、小于、小于或等于、大于、大于或等于
4	&&	逻辑与
3	||	逻辑或
2	=	赋值符(包括复合赋值符)
1	,	逗号

如果两个运算符的优先级相同,则按照从左往右的顺序进行计算。如果记不清两个运算符的优先级大小,则可以使用小括号()。

举例:

```
func main() {
    var a bool
    a = 2 == 1+1                    //等价于 a = (2 == (1+1))
    fmt.Println(a)                  //输出 true
}
```

有时使用小括号不是为了改变运算顺序,而是为了提高代码的可读性,这是一种很好的编程实践,减轻了程序员记忆运算符优先级的负担。

```
(a < 10) && (b > 20)               //推荐的做法,尽管小括号是多余的
a < 10 && b > 20                   //不推荐
```

3.7　小结

本章讲述了各种运算符的用法,包括算术运算符、关系运算符、逻辑运算符、位运算符等。将赋值符"="与其他运算符相结合就构成了复合赋值运算符,如"+="。求解一个表达式的值时,必须按照运算符的优先级从高到低的顺序进行计算(括号除外)。另外,逻辑运算符还有一个短路求值特性,利用这一特性可以编写出更简洁、更高效的代码。

练习题

1. 编程计算下列各表达式的值:

(1) 5 + 6

(2) 5 − 6

(3) 5 * 6

(4) 10 / 4

(5) 10 % 4

2. 写出表达式 a + b − 5 的运算符和操作数。

3. 执行下列代码,其输出结果是_____。

```
fmt.Println(100 - 25 * 3 % 4)
```

4. 已知 x = 3,执行 x *= 2 + 1 语句后 x 的值等于_____。

5. 如果数据在计算机内存中用 1 字节存储,则 −5 的补码为_____。

6. 代码 5 > 3+2 的执行结果是_____。

7. 代码 fmt.Println("a" < "b")的执行结果是_____。

8. 代码 fmt.Println(124 + 3.0) 的执行结果是_____。

9. 请举例说明短路求值特性。

10. 已知 x = true,y = false,求下列各表达式的值:

(1) x || y   (2) x & & y   (3) !x

11. 已知 a = 6,b = 5,求下列各表达式的值:

(1) a & b   (2) a | b   (3) a ^ b

(4) ^a   (5) a >> 1   (6) b << 1

12. 写出下列代码的输出结果:

```go
func main() {
    a, b := 5, 2
    c := (a != 0 && (b/a) > 0)
    fmt.Println(c)
}
```

13. 编写程序,输出一个三位数 254 的个位数字、十位数字和百位数字。

14. 阅读下列代码,写出程序的输出结果:

```go
func main() {
    var x, y uint8 = 5, 3
    fmt.Println(x & y)
    fmt.Println(x | y)
    fmt.Println(^x)
    fmt.Println(x ^ y)
    fmt.Println(x &^ y)
    fmt.Println(x << 1)
    fmt.Println(x >> 1)
}
```

第 **4** 章
控制结构

控制结构包括选择结构和循环结构,其中选择结构又包括单分支结构、双分支结构和多分支结构。switch 开关语句也是一种选择结构,而且是多分支选择结构。与大多数编程语言不同,Go 语言只支持一种循环结构,即 for 循环。另外,Go 语言还支持无条件跳转语句 goto。

4.1 选择结构

选择结构有 3 种使用形式,分别是单分支结构、双分支结构和多分支结构。首先学习单分支结构,其一般形式如下:

```
if condition {                               //左大括号{必须与关键字 if 在同一行
    //block
}
```

如果 condition 条件成立,则执行 if 后面由一对大括号{}括起来的代码块。
举例:

```
var x, y = 3, 2
if x > y {
    fmt.Printf("bigger = %d\n", x)           //输出 bigger = 3
}
```

第二种是双分支结构,其一般形式如下:

```
if condition {
    //block1
} else {                                     //大括号}与{必须与关键字 else 在同一行
    //block2
}
```

如果 condition 条件不成立,则执行 else 后面由一对大括号{}括起来的代码块。
举例:

```
var x, y = 3, 2
if x > y {
    fmt.Printf("bigger = %d\n", x)
} else {
```

```
    fmt.Printf("bigger = %d\n", y)
}
```

上述代码的输出结果：

```
bigger = 3
```

第三种是多分支结构，其一般形式如下：

```
if condition1 {
    //block1
} else if condition2 {                    //大括号}与{必须与 else if 在同一行
    //block2
} else {
    //block3
}
```

分支 else if 的数量是没有限制的。如果分支 else if 的数量过多，则建议使用后面将要介绍的 switch 语句。

举例：

```
import ( "fmt"; "os"; "strconv" )             //此处采用的这种写法是为了节省篇幅
func main() {
    var grade byte
    score, _ := strconv.ParseFloat(os.Args[1], 64)   //第二个参数 64 代表 float64
    fmt.Printf("输入的百分制成绩是:%.1f\n", score)
    if score >= 90.0 {
        grade = 'A'
    } else if score >= 80.0 {
        grade = 'B'
    } else if score >= 70.0 {
        grade = 'C'
    } else if score >= 60.0 {
        grade = 'D'
    } else {
        grade = 'E'
    }
    fmt.Printf("grade = %c", grade)
}
```

上述代码的一次执行过程，如图 4-1 所示。strconv.ParseFloat()函数的功能是将字符串转换为浮点数。该函数的第二个返回值是转换失败时的提示信息，此处使用匿名变量将其忽略。

图 4-1 百分制成绩转换为五分制成绩

如果 if 语句(Statement)嵌套的层数太多(3 层以上)，则程序结构就会显得比较混乱，此时最好使用 switch 开关语句。

switch 开头语句也是一种选择结构，而且是多分支选择结构。switch 开关语句的一般形式如下：

```
switch optional_statement; optional_expression {
```

```
    case exp1: statement1 …
    case exp2: statement2 …
    …   …
    default: statementN …                    //缺省语句 default 是可选的,最多有一个
}
```

其中,optional_statement 和 optional_expression 分别是可选语句和可选表达式,两者之间用分号间隔。编译器根据表达式 optional_expression 的值,从上到下依次匹配 case 后面的表达式,若匹配成功,就会执行其对应的语句,而不再匹配剩余的 case 语句以及 default 语句。如果 optional_expression 的值与所有 case 后面的表达式都不匹配,则执行 default 语句。

举例:

```
func main() {
    var day = 3
    switch d := day + 1; d {
    case 1:
        fmt.Println("Monday")
    case 2:
        fmt.Println("Tuesday")
    case 3:
        fmt.Println("Wednesday")
    case 4:
        fmt.Println("Thursday")
    case 5:
        fmt.Println("Friday")
    case 6:
        fmt.Println("Saturday")
    case 7:
        fmt.Println("Sunday")
    default:
        fmt.Println("Invalid")
    }
}
```

上述代码的输出结果:

```
Thursday
```

默认情况下,每个 case 语句的末尾都隐含有一个 break 语句,因此匹配成功后就不再检验剩余的 case 语句。如果想继续执行后面的 case 语句,则可以使用关键字 fallthrough,此时其行为与 C 语言相同。

举例:

```
func main() {
    switch 2 {
    case 1:
        fmt.Println("1")
        fallthrough
    case 2:
```

```
        fmt.Println("2")
        fallthrough
    default:
        fmt.Println("default")
    }
}
```

上述代码的输出结果：

```
2
default
```

其实每个 case 后面可以有多个表达式，这些表达式之间用逗号分隔。
举例：

```
func main() {
    var call = "mum"
    switch call {
    case "dad", "mum":                    //用逗号分隔表达式"dad"和"mum"
        fmt.Println("Parent")
    default:
        fmt.Println("Others")
    }
}
```

上述代码的输出结果：

```
Parent
```

当 switch 后面没有表达式时，编译器会自动为其添加一个布尔值 true，即 switch true。
举例：

```
func main() {
    var s = "good"
    switch {                              //等价于 switch true
    case s == "good":                     //与该分支匹配,因为 s == "good"的值为 true
        fmt.Println("good")
    case s != "good":
        fmt.Println("not good")
    }
}.
```

上述代码的输出结果：

```
good
```

在 C 语言中，case 后面的表达式只能是常量表达式，如 0、'A'；而在 Go 语言中，case 后面的表达式可以是任意类型。

```
func main() {
    var grade float64 = 80
    switch {                              //等价于 switch true
    case grade >= 85:                     //case 后面是关系表达式
```

```
        fmt.Println("A")
    case grade >= 70:
        fmt.Println("B")
    case grade >= 60:
        fmt.Println("C")
    case grade < 60:
        fmt.Println("D")
    default:
        fmt.Println("Error")
    }
}
```

上述代码的输出结果：

B

Go 语言还有一种特殊的 switch 语句——type switch，本书将在接口一章进行介绍。

4.2　循环结构

与大多数编程语言不同，Go 语言只支持一种循环结构，即 for 循环，而不支持 while 和 do-while 循环。for 循环的一般形式如下：

```
for exp1; exp2; exp3 {              //左大括号{必须与 for 在同一行
    //block
}
```

关键字 for 后面的 3 个表达式不需要用小括号()括起来。表达式 exp1 与 exp2 之间，exp2 与 exp3 之间用分号间隔。通常情况下，exp1、exp2 和 exp3 分别用于变量初始化、条件判断和条件控制。表达式 exp1 只能执行一次。只要表达式 exp2 成立（其值为真），就会执行 for 循环的语句块 block；接着执行表达式 exp3；然后再次判断表达式 exp2 是否成立；这个过程循环往复一直持续下去，直至表达式 exp2 不成立（其值为假）而退出 for 循环。

举例：

```
func main() {
    total := 0
    for i := 1; i <= 10; i++{
        total += i
    }
    fmt.Println(total)
}
```

上述代码的输出结果：

55

省略表达式 exp2 或其值恒为真时，for 循环是一个无限循环。3 个表达式 exp1、exp2 和 exp3 都可以省略。当 3 个表达式同时省略时，for 循环有一个简写形式。

```
for ; ; {
```

```
    //block
    }
```

该无限循环等价于

```
for {
    //block
}
```

表达式 exp1 和 exp3 同时省略时,for 循环也有一个简写形式。

```
for ; exp2; {
    //block
}
```

等价于

```
for exp2 {
    //block
}
```

在其他情况下,3 个表达式不论省略哪一个,都必须保留分号。注意:在表达式 exp1 中声明的变量,其作用范围仅限于 for 循环。

```
func main() {
    for i := 1; i < 5; i++ {          //声明并初始化局部变量 i
        fmt.Println(i)
    }
    fmt.Println(i)                    //变量 i 不可访问
}
```

4.3　goto 语句

goto 语句是无条件跳转语句,其一般形式如下:

```
goto label
```

其中,label 是语句标号,其命名规则与变量名的命名规则相同,即只能使用 52 个大小写英文字母、10 个阿拉伯数字和 1 个下画线。另外,语句标号与变量名都不能以数字开头。

举例:计算 $1 + 2 + \cdots + 10$ 的值。

```
func main() {
    var i, sum float64 = 1, 0
Loop:                                 //语句标号 Loop
    if i <= 10 {
        sum += i
        i++
        goto Loop
    }
    fmt.Println(sum)                  //输出 55
}
```

将 goto 语句与语句标号相结合,可实现从多层循环内部快速跳出来。
举例:

```
func main() {
    for i := 0; i < 3; i++ {
        fmt.Println("i =", i)
        for j := 0; j < 2; j++ {
            if j == 1 {
                goto label                    //语句标号 label
            }
            fmt.Println("\tj =", j)
        }
    }
label:
    fmt.Println("Exit")
}
```

上述代码的输出结果:

```
i = 0
    j = 0
exit
```

通常不提倡上述用法,因为这不符合结构化的程序设计原则。

4.4 break 语句与 continue 语句

在 Go 语言中,break 语句能提前终止 for 循环、switch 语句和 select 语句的执行过程。
如果是多重循环,那么 break 语句只能提前终止包含它的那层循环。
举例:

```
func main() {
    var area float64
    for r := 1.0; r <= 10; r++ {
        area = math.Pi * r * r
        if area > 100 {
            fmt.Println("r =", r)          //面积大于 100 时输出圆的半径
            break                          //然后终止 for 循环
        }
    }
    fmt.Printf("area = %.2f", area)
}
```

上述代码的输出结果:

```
r = 6
area = 113.10
```

另外,break 语句也能与语句标号结合使用,以退出语句标号对应的代码块。
与 break 语句相比,continue 语句只是跳过循环体中它后面的剩余语句,并开始下一轮

循环过程。

举例：

```
func main() {
    for n := 10; n <= 20; n++ {
        if n%3 != 0 {                    //不能被 3 整除时
            continue                     //跳过循环体剩余的语句, 开始下一轮循环
        }
        fmt.Printf("%d ", n)             //输出 [10, 20]范围内能被 3 整除的整数
    }
}
```

上述代码的输出结果：

```
12 15 18
```

另外, continue 语句也能与语句标号结合使用。

4.5　for-range 循环

for-range 循环是一种键值循环, 其一般形式如下：

```
for index, value := range DS {
    ......
}
```

其中, index 和 value 分别是索引及其对应的值, DS 是某种数据结构（Data Structure）, 如数组 array、字符串 string、切片 slice、投影 map。注意, 值 value 只是 DS 中与索引 index 对应的值的副本, 对 value 所做的任何修改都不会影响 DS 中的原始值。

举例：

```
func main() {
    ages := []int{5, 8, 7}               //切片 ages
    for i, age := range ages {           //此处 DS 为切片 ages
        fmt.Printf("index = %d, age = %d\n", i, age)
        age += 1                         //试图修改切片 ages 中的元素值
    }
    for i, age := range ages {
        fmt.Printf("index = %d, age = %d\n", i, age)
    }
}
```

上述代码的输出结果：

```
index = 0, age = 5
index = 1, age = 8
index = 2, age = 7
index = 0, age = 5                       //修改无效
index = 1, age = 8                       //修改无效
index = 2, age = 7                       //修改无效
```

举例：

```go
func main() {
    for i, val := range "abc" {
        fmt.Println(i, string(val))
    }
}
```

上述代码的输出结果：

```
0 a
1 b
2 c
```

4.6　小结

本章讲述了 Go 语言的控制结构，包括选择结构和循环结构。选择结构包括单分支、双分支和多分支 3 种形式。switch 开关语句也是一种选择结构，而且是多分支选择结构。与大多数编程语言不同，Go 语言只支持一种 for 循环，而不支持 while 和 do-while 循环。goto 语句是无条件跳转语句，它通常与语句标号结合使用，可实现从多层循环内部快速跳出来的功能。for-range 循环是一种键值循环。

break 语句能提前终止包含它的循环体的执行过程。break 语句一般用在 for 循环、switch 语句和 select 语句中。continue 语句只是跳过循环体中它后面的剩余语句，并开始下一轮循环过程。break 语句与 continue 语句都能与语句标号结合使用。

练习题

1. 选择结构有 3 种使用形式，分别是单分支结构、双分支结构和_____。
2. 当 else if 分支的数量过多时，通常采用_____语句。
3. 默认情况下，每个 case 语句的末尾都隐含有一个_____语句。
4. 在 Go 语言中，要想模拟 C 语言的 switch 语句的执行流程，需要在每个 case 语句的末尾添加一个关键字_____。
5. Go 语言中的 switch 语句，其每个 case 后面可以有多个表达式，这些表达式之间用_____间隔。
6. 当 switch 后面没有表达式时，编译器会自动为其添加一个逻辑值_____。
7. 在 Go 语言中，每个 case 后面的表达式可以是_____。
8. for 后面的 3 个表达式，相互之间用_____分隔。
9. for-range 循环是一种_____循环。
10. 已知 x 与 y 之间的对应关系，如下表所示：

x	$x<0$	$0 \leqslant x < 5$	$x \geqslant 5$
y	0	x	$3x-5$

用户输入 x 的值,程序计算并输出对应的 y 值(保留 2 位小数)。

11. 使用 for 循环计算 1+2+…+100 的值。

12. 使用 for 循环输出 1,2,3,5 四个正整数。

13. 求[0, 200]范围内能被 13 整除的最大正整数。

14. 求[1, 100]范围内能被 7 整除,但不能被 5 整除的所有整数。

15. 写出下列代码的输出结果_____。

```
var s int
for i := 1; i <= 10; i += 2 {
    s += i
}
fmt.Print(s)
```

16. 编程输出所有的"水仙花数"。所谓"水仙花数",是指一个三位的十进制整数,其各个数位上数字的立方和恰好等于这个整数本身。例如,153 是水仙花数,因为 $153=1^3+5^3+3^3$。

17. 鸡兔同笼问题:现有鸡和兔共 30 只,脚 90 只,问鸡和兔各有多少只?

18. 输入两个正整数 m 和 n,求其最大公约数 gcd(Greatest Common Divisor)和最小公倍数 lcm(Least Common Multiple)。

19. 如果一个数恰好等于它的因子之和,则这个数就称为"完数"。例如,6 的因子有 1、2、3,而 6=1+2+3,因此 6 是"完数"。编程输出 1000 以内的所有"完数"。

20. 使用嵌套循环,按照下面的格式打印字符 $:

```
$
$$
$$$
$$$$
$$$$$
```

21. 阅读下列代码,写出程序的输出结果_____。

```
func main() {
Loop:
    for _, ch := range "a b\nc" {          //字符串由 a、空格、b、换行符和 c 组成
        switch ch {
        case ' ':                          //跳过空格
            break
        case '\n':                         //在换行符处终止
            break Loop
        default:
            fmt.Printf("%c", ch)
        }
    }
}
```

第 5 章

函数与方法

函数是执行计算的命名语句序列。将一段代码封装为函数并在需要的位置进行调用，不仅可以实现代码的重复利用，更重要的是可以保证代码完全一致。

5.1 函数的定义与使用

5.1.1 函数的定义

在 Go 语言中，定义函数的语法格式如下：

```
func funcName( [arg argType] ) [returnType] {
    function body
}
```

其中，funcName 是函数名，arg 是形式参数，argType 是形式参数的类型，returnType 是返回值的类型。Go 语言使用关键字 func 定义函数（Function）。func 后面有一个空格，然后是函数名，接下来是一对小括号，小括号里是可选的形式参数及其对应的类型，小括号后面是可选的返回值及其类型，最后是一对大括号括起来的函数体。函数名、形式参数类型和返回值类型三者共同构成了函数签名。形参名以及返回值的变量名不属于函数签名。定义函数时还需要注意如下几个问题：

（1）一个函数即使不需要接收任何参数，也必须保留一对小括号；

（2）如果一个函数没有返回值，则返回值可省略（包括小括号）。

```
func f1() { }                              //没有形参，没有返回值
func f2(a int) {   }                       //一个形参，没有返回值
//两个形参，一个返回值，返回一个整数
func f3(a int, b int) int { return 1 }
func f4(x float64) (y int, z float64) {    //一个形参，两个返回值
    return 1, 2
}
```

举例：自定义函数 bigger()。

```
func main() {
    var a, b int = 10, 20                  //定义局部变量 a 和 b
    var result int
    result = bigger(a, b)
```

```
        fmt.Printf("较大值: %d\n", result)
    }
    /* 函数的返回值是两个形式参数(Formal Parameter) x 和 y 中的较大者 */
    func bigger(x, y int) int {              //函数签名 bigger(int, int) int
        if x > y {
            return x
        }
        return y
    }
```

上述代码的输出结果：

较大值: 20

当一组形参或返回值的数据类型相同时，可不必逐个为它们标明数据类型。下面两个函数声明是等价的，即它们的函数签名相同。

```
func f(a, b int, m, n string) { … }
func f(a int, b int, m string, n string) { … }
```

举例：

```
func main() {
    //输出数据类型使用格式控制符%T, Type
    fmt.Printf("%T\n", add)
    fmt.Printf("%T\n", sub)
    fmt.Printf("%T\n", first)
    fmt.Printf("%T\n", zero)
}
func add(x int, y int) int    { return x + y }
func sub(x, y int) (z int)    { z = x - y; return }
func first(x int, _ int) int { return x }
func zero(int, int) int       { return 0 }
```

上述代码的输出结果：

```
func(int, int) int
func(int, int) int
func(int, int) int
func(int, int) int
```

5.1.2   函数的调用

函数定义完毕并不能自动运行，只有被调用(Call)时才能运行。下面的代码用整数 10 和 20 调用 bigger()函数，该函数的返回值被赋值给变量 result。

```
result = bigger(10, 20)
```

上述调用 bigger()函数时使用的整数 10 和 20 是实际参数(Actual Parameter)，简称实参。形参没有具体的值，形参的值来自实参。调用函数时必须按照声明的顺序为所有的形参赋值。Go 语言的形参不能带有默认值，这点与 Python 语言等不同。

实参通过值传递的方式为形参赋值,形参是实参的一个副本,对形参执行操作通常不会影响实参的值。但是,如果实参是引用类型,如指针、切片 slice、投影 map,则可以通过形参修改实参的值。

举例:

```
func modify(z * int) {                    //形参 z 是指针类型
    * z = 20
}
func main() {
    var x int = 10
    fmt.Printf("调用函数前 x 的值 = %d\n", x)
    modify(&x)                            //实参 &x 是引用类型
    fmt.Printf("调用函数后 x 的值 = %d\n", x)
}
```

上述代码的输出结果:

```
调用函数前 x 的值 = 10
调用函数后 x 的值 = 20
```

5.1.3　函数的返回值

通常,定义一个函数是希望它能够返回一个或多个计算结果,这在 Go 语言中是通过关键字 return 实现的。无论 return 语句出现在函数的什么位置,一旦被执行,它都会立即结束函数的执行过程。Go 语言支持函数返回多个值。

```
func twoRetValues() (int, int) {          //返回值必须与 return 语句相匹配
    return 1, 2                           //不能写作(1, 2)
}
func main() {
    a, b := twoRetValues()
    fmt.Println(a, b)
}
```

上述代码的执行结果:

```
1 2
```

与形参名一样,Go 语言支持对返回值进行命名,此时需要在函数体中显式地使用 return 语句返回。

```
func namedRetValues() (x, y int) {        //两个返回值被命名为 x 和 y
    x = 2
    y = 1
    return                               //return 语句可为空,等价于 return x, y
}
func main() {
    a, b := namedRetValues()
    fmt.Println(a, b)
}
```

上述代码的输出结果：

```
2 1
```

main()函数是一种特殊类型的函数,它不接收任何参数,也没有返回值。main()函数是一个可执行程序的入口。Go 编译器会自动调用 main()函数,因此不需要显式地调用它。main 包是一个特殊的包。一个可执行程序必须拥有一个 main 包,而且在该包中必须有且只能有一个 main()函数。

与 main()函数类似,init()函数不接收任何参数,也没有返回值。每个包中可以包含一个或多个 init()函数。init()函数按照出现的先后顺序依次执行。init()函数也不需要显式地调用,Go 编译器会自动调用它。init()函数在 main()函数之前执行,它的主要用途是初始化全局变量。如果发生多个包的嵌套引用,则最后导入的包会最先执行其包含的 init()函数。

5.2　lambda 函数

lambda 函数又称为匿名函数。匿名函数没有函数名,只有函数体。定义匿名函数的语法格式如下：

```
func ( [arg argType] ) [returnType] {
    function body
}
```

（1）在定义的同时调用匿名函数

```
func main() {
    func(x int) {                          //函数嵌套
        fmt.Println(x)
    }(10)
}
```

上述代码的输出结果：

```
10
```

（2）将匿名函数赋值给一个变量

```
func main() {
    f := func(x int) {                     //将匿名函数赋值给变量 f
        fmt.Println(x)
    }
    f(10)                                  //使用 f()调用匿名函数
}
```

上述代码的输出结果：

```
10
```

再举一个例子：

```
func main() {
    add := func(x int) int {
        return x + 1
    }
    fmt.Println(add(10))
}
```

上述代码的输出结果：

```
11
```

5.3　闭包

可以将闭包（Closure）理解为定义在一个函数内部的匿名函数。本质上，闭包是连接匿名函数内部与外部的桥梁。闭包对外部环境中变量的引用过程称为"捕获"。闭包可以用一个简单的公式表示如下：

闭包 ＝ 匿名函数 ＋ 引用的外部环境

举例：

```
func main() {
    i := 42                              //声明一个整型变量 i
    f := func() {                        //将匿名函数赋值给变量 f
        j := i / 2                       //访问外部变量 i
        fmt.Println(j)
    }
    f()                                  //输出 21
}
```

上述代码创建了包含整型变量 i 的匿名函数 f 的闭包。函数 f 可以直接访问变量 i，这是闭包的属性。

```
func f() func() int {
    i := 0
    return func() int {                  //函数 f() 的返回值是一个匿名函数
        i += 1
        return i
    }
}
func main() {
    a := f()                             //闭包 a
    b := f()                             //闭包 b
    fmt.Println(a())                     //输出 1
    fmt.Println(b())                     //输出 1
    b()
    fmt.Println(a())                     //输出 2
    fmt.Println(b())                     //输出 3
}
```

当需要创建一个对状态进行封装的函数时，就需要使用闭包。闭包可以实现很多高级的功能,如创建一个生成器,限于篇幅,本书不再讲述。

5.4　defer 语句

defer 将其后的语句进行延迟处理。在 defer 语句所属的函数返回之前,将延迟处理语句按照后进先出(Last In First Out,LIFO)的顺序执行。

举例:

```go
func main() {
    defer fmt.Printf("%s\n", "first")
    defer fmt.Printf("%s ", "second")
    defer fmt.Printf("%s ", "third")        //最后进入,最先出来
    fmt.Println("exit")
}
```

上述代码的输出结果:

```
exit
third second first
```

defer 语句一般用于释放某些已分配的系统资源,如关闭文件。下面定义函数 fileSize() 用于打开并获取一个文件的大小。

举例:

```go
func fileSize(fileName string) int64 {
    f, err := os.Open(fileName)
    if err != nil {
        return 0
    }
    //延迟调用 Close()函数,此刻不会调用它
    defer f.Close()
    info, err := f.Stat()                   //统计 Statistics
    if err != nil {
        return 0                            //函数返回前,会调用 Close()函数关闭文件
    }
    size := info.Size()
    return size                             //函数返回前,会调用 Close()函数关闭文件
}
```

在 main()主函数中调用 fileSize()函数。

```go
func main() {
    size := fileSize("test.txt")
    fmt.Printf("File size = %d", size)
}
```

上述代码的输出结果:

```
File size = 25
```

在上述例子中,如果没有 defer 语句,则在 fileSize()函数中后两个 return 语句的前面都

必须添加语句 f.Close() 关闭文件，以释放系统资源。读者是否能通过上述例子，总结出 defer 语句的优点？

5.5　递归函数

什么是算法？简单地说，算法是解决问题的方法与步骤。递归算法(Recursive Algorithm)的核心思想是分治策略。分治是"分而治之"(Divide and Conquer)的意思。分治策略将一个复杂的问题反复分解为两个或更多个相同的或相似的子问题，直至这些子问题可以直接求解，最后将子问题的解合并起来，就能得到原问题的解，如图 5-1 所示。

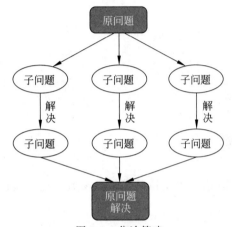

图 5-1　分治策略

一个函数在其函数体内部调用它自身，这种函数叫作递归函数。递归函数使用了分治策略，其由终止条件和递归条件两部分组成。下面定义一个计算阶乘的函数 factorial(n)：

```go
func factorial(n int) int {           //阶乘 factorial
    if n <= 1 {                        //终止条件
        return 1
    }
    return n * factorial(n-1)          //递归条件
}
func main() {
    var n int = 5
    fmt.Println(factorial(n))          //输出 120
}
```

调用上述定义的 factorial(n) 函数计算 5 的阶乘，其执行流程如下所示：

```
factorial(5)  =   5 * factorial(4)
              =   5 * 4 * factorial(3)
              =   5 * 4 * 3 * factorial(2)
              =   5 * 4 * 3 * 2 * factorial(1)
              =   5 * 4 * 3 * 2 * 1
              =   120
```

下面定义一个计算斐波那契数列(Fibonacci)的递归函数 fib(n)：

```go
func fib(n int) int {
    if n <= 1 {                              //终止条件
        return n
    }
    return fib(n-1) + fib(n-2)               //递归条件
}
func main() {
    var n int = 10
    for i := 0; i <= n; i++ {
        fmt.Printf("%d ", fib(i))
    }
    fmt.Println()
}
```

上述代码的输出结果：

```
0 1 1 2 3 5 8 13 21 34 55
```

5.6 可变长度参数

与 Python 语言类似,Go 语言也支持可变长度参数。也就是说,一个函数可以接收任意数量的实际参数。

举例：

```go
func multiply(args ...int) int {            //形参类型是 int 型
    z := 1
    for _, arg := range args {
        z *= arg
    }
    return z
}
func main() {
    fmt.Println(multiply(2, 3, 4))          //输出 24
    fmt.Println(multiply(4, 5))             //输出 20
    fmt.Println(multiply(10, 9))            //输出 90
}
```

...int 本质上是一个切片,也就是[]int,因此可以将其用在 for 循环中。如果想传入任意类型的数据,则需要将 int 修改为空接口 interface{}。

举例：

```go
func what(args ...interface{}) {
    for _, arg := range args {
        switch arg.(type) {
        case int:
            fmt.Println(arg, "int")
        case int64:
```

```
                fmt.Println(arg, "int64")
        case string:
                fmt.Println(arg, "string")
        default:
                fmt.Println(arg, "unknown")
        }
    }
}
func main() {
    var val1 int = 1
    var val2 int64 = 2
    var val3 string = "good"
    var val4 float32 = 1.5
    what(val1, val2, val3, val4)
}
```

上述代码的输出结果：

```
1 int
2 int64
good string
1.5 unknown
```

5.7　方法

函数和方法分别是面向过程和面向对象编程范畴的概念。从某种角度说,Go 是将两种编程理念融为一体的语言。那么,在 Go 语言中怎样定义方法呢? 定义方法的语法格式如下:

```
func (receiver receiverType) methodName ( [arg argType] ) ( [returnType] ) {
    method body
}
```

其中,receiver 是接受者的名称,receiverType 是接受者的类型,methodName 是方法名,arg 是形式参数,argType 是形式参数的类型,returnType 是返回值的类型。显然,函数与方法的区别之一是方法有接受者。在 Go 语言中,方法的接受者可以是结构体。

举例:

```
type User struct {                          //定义结构体 User
    name string
    email string
}
func (u User) userInfo() string {           //方法的接受者是 User 类型
    return fmt.Sprintf("User name: %s and email: %s\n", u.name, u.email)
}
func main() {
    user1 := User{name: "Hui", email: "whui2008@tust.edu.cn"}
    fmt.Print(user1.userInfo())
}
```

上述代码的输出结果：

User name: Hui and email: whui2008@tust.edu.cn

在上述代码中，u 是接受者的名称，User 是接受者的类型（结构体），userInfo 是方法名，形式参数及其类型为空，返回值的类型是 string。

方法的接受者也可以是非结构体类型，如 int。Go 语言要求方法 methodName( )与接受者类型 receiverType 必须定义在同一个包内。

举例：

```
type myNumber int                        //定义整数类型 myNumber
func (num myNumber) square() myNumber {
    if num <= 1 {
        return 1
    }
    return num * num
}
func main() {
    var n myNumber = 15
    result := n.square()
    fmt.Printf("The square of %d is %d.\n", n, result)
}
```

上述代码的输出结果：

The square of 15 is 225.

如果读者删除代码行 type myNumber int，则编译器会给出错误信息“cannot define new methods on non-local type int”。

在 Go 语言中，函数也是一种数据类型，与其他数据类型一样可以将其赋值给变量。

举例：

```
func demo() {
    fmt.Println("in demo()")
}
func main() {
    //声明变量 f 为 func()函数类型，此时 f = nil
    var f func()
    f = demo
    f()
}
```

上述代码的输出结果：

in demo()

5.8 小结

函数是执行计算的命名语句序列，而方法则是有接受者的函数。定义函数，使用关键字 func。函数定义完毕后并不能自动运行，只有被调用时才能运行。参数分为形参和实参，形参的值来自实参。Go 语言支持函数返回多个值,从函数中返回值使用关键字 return。与形参名一样,Go 语言支持对返回值进行命名。lambda 函数又称为匿名函数,它没有函数名,只有函数体。定义在一个函数内部的匿名函数又叫作闭包,它是连接匿名函数内部与外部的桥梁。

　　defer 语句是延迟处理语句。在 defer 语句所属的函数返回之前,延迟处理语句将按照后进先出的顺序执行。defer 语句一般用于释放某些已分配的系统资源,如关闭文件。递归函数在其函数体内部调用它自身,它由终止条件和递归条件两部分组成。Go 语言也支持可变长度参数。也就是说,一个函数可以接收任意数量的实参。方法的接受者可为任意类型,如 int、结构体。

练习题

　　1. 写出函数的定义。

　　2. 在 Go 语言中定义函数时使用的关键字是_____。

　　3. Go 程序的入口函数是_____。

　　4. 一个 Go 程序可以包含_____个 init()函数。

　　5. 写出 f()的函数签名_____。

```
func f(x float64) (y int, z float64) {
    return 1, 2
}
```

　　6. 写出下列函数的返回值_____。

```
func namedRetValues() (x, y int) {
    x = 2
    y = 1
    return y, x
}
```

　　7. 定义只有一个形参 x 的匿名函数,计算并返回形参 x 的平方,使用实参 10 调用该函数,输出该匿名函数的返回值。

　　8. 通常情况下,延迟处理语句的应用场景是什么?

　　9. 写出下列代码的执行结果_____。

```
func f(x int) {
    fmt.Println(x)
}
func main() {
    defer f(5)
    fmt.Println("in main")
}
```

　　10. 写出递归函数的定义。

　　11. 递归函数由_____和_____两部分组成。

　　12. 定义一个递归函数 fact(),计算 n!,规定 0! = 1。

13. 在 LiteIDE 中,怎样查看一个函数或方法的定义?

14. 定义函数 prime(),判断一个整数是否为素数,若是,则返回 true,否则返回 false。

15. 定义函数 f(),实现一个分段函数的计算,如下表所示。

x	x<0	0≤x<5	5≤x<10	x≥10
y	0	x	3x-5	0.5x-2

16. 不使用…int,编程实现"可变长度参数"一节中的 multiply() 函数。

17. 查阅资料,总结使用关键字 import 导入包的 3 种方式。

18. 如果只想调用一个包包含的 init() 函数,如 image/PNG,则使用什么方式导入包?

19. 阅读程序,写出下列代码的输出结果。提示:在函数 f() 中,延迟函数 untracing() 的参数 tracing("f") 先执行,然后再执行语句 fmt.Println("in f()");在函数 g() 中同理。

```go
func tracing(s string) string {
    fmt.Println("Entering:", s)
    return s
}
func untracing(s string) {
    fmt.Println("Leaving:", s)
}
func f() {
    defer untracing(tracing("f"))
    fmt.Println("in f()")
}
func g() {
    defer untracing(tracing("g"))
    fmt.Println("in g()")
    f()
}
func main() {
    g()
}
```

20. 阅读程序,写出下列代码的输出结果。

```go
package main
import "fmt"
func visit(lt []int, f func(int)) {
    for _, val := range lt {
        f(val)
    }
}
func main() {
    //使用匿名函数打印切片中的元素
    visit([]int{2, 1, 4, 3}, func(val int) {
        fmt.Println(val)
    })
}
```

21. 使用闭包创建一个偶数生成器 evenGenerator()。

第 **6** 章
数据容器

计算机不仅需要处理单个数据,多数情况下,它需要对一组数据进行批量处理。那么,容纳一组数据的容器有哪些呢?Go 语言内置的数据容器有数组、切片和投影,其中前两种是序列型的。序列型容器的元素之间存在着前后顺序关系,而且可以有相同的元素。

6.1 数组

数组(Array)是由若干类型相同的值构成的。数组中的值被称为元素或者项。声明数组的语法格式如下:

```
var arrayName [amount] arrayType
```

其中,arrayName 是数组名,amount 是数组的元素个数,arrayType 是数组元素的数据类型。amount 是一个表达式,其值为整型,其中不能含有变量。

```
var a [3]int                              //声明一维整型数组 a,它有 3 个元素
var b [4][2]int                           //声明二维整型数组 b,它有 8 个元素
```

可以通过下标访问数组的元素。下标从零开始计数,其最大值等于数组的长度减 1。Go 语言的内置函数 len()可以返回数组的元素个数。

```
var a [3]int                              //数组的元素被自动初始化为零值
fmt.Println(a[2])                         //访问数组 a 的第 3 个元素,输出 0
fmt.Println(len(a))                       //输出数组 a 的长度 3
```

可以在创建数组的同时进行初始化:

```
var a1 [3]int = [3]int{2, 1, 3}           //全部初始化
var a2 [3]int = [3]int{3, 2}              //部分初始化,第 3 个元素取默认值 0
```

定义数组时,如果数组的长度使用省略号"…"指定,则编译器根据初始值的个数确定数组的长度。

```
a := [...]int{2, 1, 3}                     //根据初始值的个数确定数组的长度
fmt.Println(len(a))                        //输出 3
```

两个数组相等,必须同时满足 3 个条件:①长度相等;②对应元素的类型相同;③对应元素的值相等。

```
func main() {
    a := [2]int{2, 1}
    b := [...]int{2, 1}
    c := [2]int{3, 1}
    d := [3]int{2, 1}
    fmt.Println(a == b, a == c, b == c)        //输出 true false false
    fmt.Println(a == d)                        //编译错误,数组 a 与 d 无法比较
}
```

遍历数组,即访问数组中的每一个元素。

```
func main() {
    var fruit [3]string
    fruit[0] = "apple"
    fruit[1] = "orange"
    fruit[2] = "banana"
    for k, v := range fruit {
        fmt.Println(k, v)
    }
}
```

上述代码的输出结果:

```
0 apple
1 orange
2 banana
```

声明多维数组的语法格式如下:

```
var arrayName [size1][size2]...[sizeN] arrayType
```

其中,arrayName 是数组名,arrayType 是数组元素的数据类型,size1,size2,…代表数组每一个维度上的元素个数。

举例:创建数组

```
func main() {
    var array1 [4][2]int                              //声明数组 array1 为 4 行 2 列
    array1 = [4][2]int{{2, 1}, {3, 0}, {4, 2}, {5, 3}}     //如表 6-1 所示
    fmt.Println(array1)                               //输出 [[2 1] [3 0] [4 2] [5 3]]
    array1 = [4][2]int{1: {3, 0}, 2: {4, 2}}          //输出 [[0 0] [3 0] [4 2] [0 0]]
    fmt.Println(array1)                               //输出 [[0 0] [3 0] [4 2] [0 0]]
    array1 = [4][2]int{1: {0: 3}, 2: {1: 2}}          //注意,此处使用冒号
    fmt.Println(array1)                               //输出 [[0 0] [3 0] [0 2] [0 0]]
}
```

表 6-1 二维数组

行索引	列索引	
	0	1
0	2	1
1	3	0

续表

	列索引	
2	4	2
3	5	3

举例：使用索引为数组元素赋值。

```go
func main() {
    var array1 [2][2]int
    array1[0][0] = 2
    array1[0][1] = 1
    array1[1][0] = 4
    array1[1][1] = 3
    fmt.Println(array1)
}
```

上述代码的输出结果：

```
[[2 1] [4 3]]
```

举例：把一个数组赋值给另一个数组。

```go
var array2 [2][2]int
array2 = array1
fmt.Println(array2)                        //输出结果与上一个例子相同
```

二维数组可看作由若干一维数组构成，以此类推其他多维数组。表 6-1 中的二维数组是由 4 个一维数组构成的，其中一维数组的长度为 2，如第 1 个一维数组为[2 1]。

```go
var array3 [2]int
array3 = array1[1]                         //将数组 array1 的第 2 行赋值给数组 array3
fmt.Println(array3)                        //相当于输出数组 array1 的第 2 行
```

上述代码的输出结果：

```
[4 3]
```

6.2　切片

在 Go 语言中，数组的长度是不可改变的。为了弥补数组的不足，Go 语言提供了一种动态数组，即切片（Slice）。与数组相比，切片的长度是可变的，可以往其中追加（Append）元素。创建切片通常有 3 种方法。第一种方法使用已有对象创建切片，其语法格式如下：

```
object[start:stop]
```

其中，object 是切片对象；start 是切片的开始索引，其默认值为 0；stop 是切片的结束索引（不包括），其默认值为 object 的长度，即 len(object)。stop 必须大于或等于 start。start 与 stop 两个参数都可以省略，此时得到切片对象的一个引用。如果 start 与 stop 相等，则得到一个空切片[]。

举例：

```go
func main() {
    var a = [4]int{3, 1, 2, 4}
    fmt.Println(a)              //输出[3 1 2 4]
    fmt.Println(a[1:3])         //输出[1 2]，即元素 a[1]和 a[2]
    fmt.Println(a[1:])          //输出[1 2 4]，等价于 a[1:len(a)]，即 a[1:4]
    fmt.Println(a[:3])          //输出[3 1 2]，等价于 a[0:3]
    fmt.Println(a[:])           //输出[3 1 2 4]，得到切片对象 a 的一个引用
    fmt.Println(a[3:3])         //输出[]
}
```

第二种方法是通过声明一个未指定大小的数组创建切片，其语法格式如下：

```go
var sliceName []sliceType
```

其中，sliceName 是切片名，sliceType 是切片中元素的数据类型。切片不需要指定长度，即其中元素的个数。

举例：

```go
func main() {
    var strSlice []string          //声明字符串切片
    var intSlice []int             //声明整型切片
    var intSliceEmpty = []int{}    //声明并初始化一个整型空切片
    fmt.Println(strSlice, intSlice, intSliceEmpty)
    fmt.Println(len(strSlice), len(intSlice), len(intSliceEmpty))
    fmt.Println(strSlice == nil)       //输出 true
    fmt.Println(intSlice == nil)       //输出 true
    fmt.Println(intSliceEmpty == nil)  //输出 false
    //为切片 strSlice 添加元素"a"，此时 strSlice = [a]
    strSlice = append(strSlice, "a")
}
```

上述代码的部分输出结果：

```
[] [] []
0 0 0
```

在上述代码中，系统已经为 intSliceEmpty 分配了内存，只是还没有元素，因此它与 nil 并不相等。

第三种方法是使用 make() 函数创建切片，其语法格式如下：

```go
var sliceName []sliceType = make([]sliceType, length, [capacity])
```

其对应的简短形式为：

```go
sliceName := make([]sliceType, length, [capacity])
```

其中，length 是切片的初始长度，可选参数 capacity 是切片的容量。len() 函数和 cap() 函数的返回值分别是切片的长度（Length）和容量（Capacity）。

举例：

```
func main() {
    a := make([]int, 5)
    b := make([]int, 5, 10)
    fmt.Println(a)                      //输出结果[0 0 0 0 0]
    fmt.Println(b)                      //输出结果[0 0 0 0 0]
    fmt.Println(len(a), len(b))         //输出结果 5 5
    fmt.Println(cap(a), cap(b))         //输出结果 5 10
}
```

一个切片在未初始化之前其默认值为空(nil),长度为 0。

```
var numbers []int                       //没有初始化
fmt.Println(numbers == nil)             //输出 true
fmt.Println(len(numbers))               //输出 0
fmt.Println(cap(numbers))               //输出 0
```

6.2.1 追加元素

Go 语言的内置函数 append()可以为切片追加一个元素、多个元素甚至新切片。追加的意思是只能在切片的末尾添加元素。当容量不足时,切片会自动"扩容",扩容以 2 的整数倍进行,如 $1,2,4,8,16,\cdots$。

```
var x []int
x = append(x, 1)                        //追加一个元素 1
x = append(x, 2, 3, 4)                  //追加三个元素 2、3 和 4
x = append(x, []int{5, 6, 7}···)        //追加的元素为切片[]int{5, 6, 7}
```

追加的元素为切片时需要先解包(Unpacking),解包使用运算符"···"。
举例:

```
func main() {
    var numbers []int
    printSlice(numbers)                 //输出:内容=[], 长度=0, 容量=0
    numbers = append(numbers, 1)
    printSlice(numbers)                 //输出:内容=[1], 长度=1, 容量=1
    numbers = append(numbers, 2)
    printSlice(numbers)                 //输出:内容=[1 2], 长度=2, 容量=2
    numbers = append(numbers, 3)
    printSlice(numbers)                 //输出:内容=[1 2 3], 长度=3, 容量=4
    numbers = append(numbers, 4)
    printSlice(numbers)                 //输出:内容=[1 2 3 4], 长度=4, 容量=4
    numbers = append(numbers, 5)
    printSlice(numbers)                 //输出:内容=[1 2 3 4 5], 长度=5, 容量=8
}
func printSlice(x []int) {              //打印数值(Value)使用格式符%v
    fmt.Printf("内容=%v, 长度=%d, 容量=%d\n", x, len(x), cap(x))
}
```

6.2.2 复制切片

Go 语言的内置函数 copy()可以实现切片的值复制,其语法格式如下:

```
copy(newSlice, oldSlice)
```

其中,newSlice 是新切片,oldSlice 是旧切片。copy()函数的功能是将 oldSlice 旧切片中的元素复制到 newSlice 新切片中,其返回值是实际复制的元素个数。

举例:

```
func main() {
    slice1 := []int{2, 1, 3}          //slice1 包含 3 个元素
    slice2 := []int{4, 2}             //slice2 只包含 2 个元素
    copy(slice1, slice2)              //slice2 只占用了 slice1 前两个元素的位置
    fmt.Printf("%v\n", slice1)        //输出 [4 2 3]
    fmt.Printf("%v\n", slice2)        //输出 [4 2],slice2 不变
    slice1 = []int{2, 1, 3}           //重新赋值
    slice2 = []int{4, 2}              //重新赋值
    copy(slice2, slice1)              //slice2 空间不够,只复制 slice1 前两个元素
    fmt.Printf("%v\n", slice2)        //输出 [2 1]
    fmt.Printf("%v\n", slice1)        //输出 [2 1 3],slice1 不变
}
```

举例:

```
func main() {
    const NUM = 5                      //设置元素的数量为 5
    srcSlice := make([]int, NUM)       //创建 srcSlice 源切片(Source)
    for i := 0; i < NUM; i++ {
        srcSlice[i] = i
    }
    refSlice := srcSlice               //创建 refSlice 引用切片(Reference)
    destSlice := make([]int, NUM)      //创建 destSlice 目标切片(Destination)
    copy(destSlice, srcSlice)          //将 srcSlice 的值复制到 destSlice
    srcSlice[0] = 99                   //修改 srcSlice 的第 1 个元素
    fmt.Println(srcSlice[0])           //输出 99
    fmt.Println(refSlice[0])           //输出 99
    fmt.Println(destSlice[0])          //输出 0,不是 99
}
```

6.2.3　删除元素

Go 语言没有提供删除切片元素的内置函数,想删除元素,需要借助切片自身的特性。删除元素分为 3 种情况,分别是从头部删除、从中间删除和从尾部删除,其中删除尾部元素的速度最快。

```
func main() {
    a := []int{2, 1, 3}
    a = a[1:]                          //删除第 1 个头元素
    fmt.Printf("%v\n", a)              //输出 [1 3]
    a = []int{2, 1, 3}                 //重新赋值
    a = a[2:]                          //删除前 2 个头元素
    fmt.Printf("%v\n", a)              //输出 [3]
}
```

另外,也可以使用 append()或 copy()函数删除头部元素。接着学习从中间位置删除元素。

```
a = append(a[:i], a[i+1:]…)        //删除中间 1 个元素,即第 i 个元素
a = append(a[:i], a[i+N:]…)        //删除中间 N 个元素,从第 i 到第 i+N-1 个
```

注意,需要对 append()函数的第二个参数进行解包。同样,也可以使用 copy()函数删除中间位置的元素。最后学习从尾部删除元素。

```
a = a[:len(a)-1]                   //删除尾部最后一个元素
a = a[:len(a)-N]                   //删除尾部 N 个元素,从 len(a)-N 到 len(a)-1
```

使用 for-range 循环迭代访问切片中的元素。

```
func main() {
    slice := []int{2, 1, 3}
    for index, value := range slice {
        fmt.Printf("index: %d, value: %d\n", index, value)
    }
}
```

上述代码的输出结果:

```
index: 0, value: 2
index: 1, value: 1
index: 2, value: 3
```

最后简单地讲述多维切片。声明多维切片的语法格式如下:

```
var sliceName [][]…[]sliceType
```

其中,sliceName 是切片名,sliceType 是切片中元素的数据类型,中括号[]的个数等于切片的维数。

```
var slice [][]int                  //声明二维切片 slice
slice = [][]int{{2}, {3, 1}}       //为二维切片 slice 赋值
```

6.3　投影

投影(Map)是一种无序的键值对集合。投影作为一种映射,它将键与值联系在一起。与数组等不同,投影以键作为索引,因此其键必须是唯一的,不能有重复的键。声明投影的语法格式如下:

```
var mapName map[keyType] valueType        //此时 mapName 的默认值为 nil
```

其中,mapName 是变量名,keyType 是键的数据类型,valueType 是值的数据类型。此时这个 mapName 还不能用来存放键值对,必须使用 make()函数进行初始化,即 mapName = make(map[keyType] valueType)。

make()函数具有声明和初始化投影的双重功能,其语法格式如下:

```
mapName := make(map[keyType] valueType)        //可以直接使用
```

上述代码等价于 mapName := map[keyType] valueType{}，因此可以直接使用该 mapName。

举例：

```
func main() {
    var nameScoreMap map[string] float32        //声明 nameScoreMap
    nameScoreMap = make(map[string] float32)    //初始化 nameScoreMap
    nameScoreMap["wang"] = 91.0                  //第 1 个键值对
    nameScoreMap["li"] = 88.0                    //第 2 个键值对
    for name := range nameScoreMap {             //忽略第二个返回值
        fmt.Println(name, "得分", nameScoreMap[name])
    }
}
```

上述代码的输出结果：

```
wang 得分 91
li 得分 88
```

其实，上述例子中声明并初始化 nameScoreMap 的 4 行代码，可用下列 1 行代码代替：

```
nameScoreMap := map[string]float32{"wang": 91.0, "li": 88.0}
```

举例：

```
func main() {
    m1 := map[string]int{"one": 1, "two": 2}
    var m1Ref map[string]int
    m1Ref = m1                                  //m1Ref 是 m1 的引用
    m1Ref["one"] = 11                           //修改 m1Ref 相当于修改 m1
    m2 := make(map[string]float64)              //等价于 m2 := map[string]float64{}
    m2["key1"] = 2.5                            //赋值
    m2["key2"] = 4.0                            //赋值
    for k, v := range m1 {
        fmt.Printf("key=%s, value=%d\n", k, v)
    }
    for k, v := range m2 {
        fmt.Printf("key=%s, value=%.2f\n", k, v)
    }
    fmt.Println(m1["five"])                     //由于不存在键 five,因此输出 0
}
```

上述代码的部分输出结果：

```
key=one, value=11
key=two, value=2
key=key1, value=2.50
key=key2, value=4.00
```

接着上面的例子继续讲述。如果只想遍历 m1 的键,则可以这样编写代码：

```
for k:=range m1{                         //直接忽略"值"即可
    fmt.Println(k)
}
```

如果只想遍历 m1 的值,则将"键"赋值给匿名变量"_",此时相当于忽略它:

```
for _, v := range m1 {
    fmt.Println(v)
}
```

Go 语言的内置函数 delete()用于删除投影的键值对,其语法格式如下:

```
delete(mapName, key)
```

其中,mapName 是一个具体的投影实例,key 是 mapName 的一个键。

```
func main() {
    numsMap := map[string]int{"one": 1, "two": 2, "three": 3}
    delete(numsMap, "two")                //删除键值对"two":2
    for k, v := range numsMap {
        fmt.Println(k, v)
    }
}
```

上述代码的输出结果:

```
three 3
one 1
```

想清空投影中的所有元素,只使用 make()函数重新创建一个投影实例即可。另外,在并发环境下使用投影时,同时对其读写是线程不安全的,此时需要使用 sync.Map 包,关于这方面的内容,本书不做介绍。

6.4　列表

列表(List)是由一系列值构成的。列表中的值被称为元素或者项。与数组和切片不同,列表各个元素的类型可以不相同。列表的内部实现采用双链表,因此它能在任意位置高效地插入和删除元素。声明列表的方法有两种:一种是使用函数 New();另一种是使用关键字 var。使用 New()函数声明列表的语法格式如下:

```
listName := list.New()
```

使用关键字 var 声明列表的语法格式如下:

```
var listName list.List
```

1. 增加元素

列表支持的方法可分为 4 类,分别是增加、删除、查找和修改。在列表的头部和尾部增加单个元素,分别使用 PushFront()和 PushBack()方法;在列表的头部和尾部增加多个元素,分别使用 PushFrontList()和 PushBackList()方法。

举例：

```
import (
    "container/list"                        //导入 list 包
    "fmt"
)
func main() {
    lt := list.New()                        //创建一个列表
    lt.PushFront("one")                     //在头部插入元素 one
    lt.PushBack("four")                     //在尾部插入元素 four
    for item := lt.Front(); item != nil; item = item.Next() {
        fmt.Println(item.Value)
    }
}
```

上述代码的输出结果：

```
one
four
```

在列表中增加元素还可使用 InsertAfter()和 InsertBefore()方法，如表 6-2 所示。

表 6-2　增加列表元素的方法

方　　法	说　　明
(l ＊ List) PushFront(v any) ＊ Element	在列表头部增加单个元素
(l ＊ List) PushFrontList(other ＊ List)	在列表头部增加列表 other
(l ＊ List)PushBack(v any) ＊ Element	在列表尾部增加单个元素
(l ＊ List) PushBackList(other ＊ List)	在列表尾部增加列表 other
(l ＊ List) InsertBefore(v any，mark ＊ Element) ＊ Element	在 mark 元素前插入并返回值为 v 的新元素 e。如果 mark 不是列表的元素，则原列表不变
(l ＊ List) InsertAfter(v any，mark ＊ Element) ＊ Element	同上，只是在 mark 元素后插入并返回新元素 e

2. 删除元素

删除元素使用 Remove()方法，其语法格式如下：

```
(l ＊ List) remove(e ＊ Element)
```

举例：

```
func main() {
    lt := list.New()                        //创建一个列表
    lt.PushBack(2)                          //在尾部增加元素 2,列表 2
    lt.PushFront(1)                         //在头部增加元素 1,列表 1, 2
    element := lt.PushBack(4)               //在尾部增加元素 4 并保存其句柄,列表 1, 2, 4
    lt.InsertBefore(3, element)             //在元素 4 前增加元素 3,列表 1, 2, 3, 4
    lt.InsertAfter(5, element)              //在元素 4 后增加元素 5,列表 1, 2, 3, 4, 5
    lt.Remove(element)                      //删除元素 4,列表 1, 2, 3, 5
    for item := lt.Front(); item != nil; item = item.Next() {
```

```
        fmt.Println(item.Value)
    }
}
```

上述代码的输出结果：

```
1
2
3
5
```

3. 查找与修改元素

查找元素需要使用 for-range 循环遍历列表,而修改元素可通过插入新元素与删除旧元素相结合的方式实现。列表支持的其他方法如表 6-3 所示。

表 6-3　列表支持的其他方法

方法名	功　　能	方法名	功　　能
lt.Front()	列表 lt 的第一个元素	lt.Back()	列表 lt 的最后一个元素
item.Next()	元素 item 的下一个元素	item.Prev()	元素 item 的上一个元素(previous)
lt.Init()	清空列表 lt	lt.Len()	列表 lt 的长度

Go 语言的其他数据容器还包括 container/heap 堆(实现了优先级队列)和 container/ring 循环双向链表等,限于篇幅,本书不再讲述。

6.5　小结

Go 语言提供了 3 种内置的数据容器,如数组、切片和投影。数组由相同类型的值构成,其长度是不可变的。切片是一种长度可变的数组。创建切片有 3 种方法:使用已有对象创建;通过声明一个未指定大小的数组创建;使用 make() 函数创建。切片有长度和容量两个指标。切片支持的操作包括追加元素 append()、复制切片 copy() 和删除元素。

投影是一种无序的键值对集合。投影以键作为索引,而数组和切片以下标作为索引。投影声明以后必须使用 make() 函数进行初始化才能使用。遍历投影需要使用 for-range 循环。与数组和切片类似,列表也由一系列值构成。不过,列表的元素类型可以不相同。声明列表的方法有两种:一种是使用函数 New();另一种是使用关键字 var。

练习题

1. Go 语言内置的数据容器有几种? 分别是什么?
2. Go 语言内置的数据容器有几种是序列型的? 分别是什么?
3. 声明长度为 10 的整型数组 array,并将它的前 3 个元素赋值为 2、1、3。
4. 写出下列代码的输出结果_____。

```
a := [...]int{2, 1, 3}
```

```
    fmt.Println(len(a))
```

5. 两个数组相等必须同时满足几个条件？它们分别是什么？

6. 写出下列代码的输出结果_____。

```go
func main() {
    var letters [3]string
    letters[0] = "c"
    letters[1] = "b"
    letters[2] = "a"
    for k, v := range letters {
        fmt.Print(k, v)
    }
}
```

7. 声明一个 4 行 2 列的字符串数组 array。

8. 写出下列代码的输出结果_____。

```go
func main() {
    var a [5]int = [5]int{3, 1, 2}
    fmt.Println(a)
}
```

9. 写出下列代码的输出结果_____。

```go
func main() {
    array := [3][2]int{1: {0: 3}, 2: {1: 2}}
    fmt.Println(len(array))
}
```

10. 切片与数组最主要的一个不同点是_____。

11. 创建切片有几种方法？分别是什么？

12. 分别使用什么函数，能得到切片的长度和容量？

13. 编写代码实现：为切片 x 追加一个新切片[]int{3，1，2}。提示：需要将新切片解包。

14. 给出投影的定义。

15. 声明一个投影：var nameScoreMap map[string] float64，该投影中值的类型是_____，此时 nameScoreMap = _____。

16. 写出下列代码的输出结果_____。

```go
func main() {
    var m1 = map[string]int{"b": 2, "a": 1, "c": 4}
    var total int = 0
    for _, v := range m1 {
        total += v
    }
    fmt.Println(total)
}
```

17. 编写代码实现：删除投影 numsMap 的键值对"two"：10。

18. 在 Go 语言中既然有数组,为什么还要引入列表呢?

19. 声明列表的方法有几种? 分别是什么?

20. 编程实现：在列表 lt 的头部增加元素 5,在其尾部依次增加 3 个元素"b"、"c"、"a",遍历该列表,输出其元素的值。

第**7**章

结构体

不同类型的数据因为具有某种内在联系，需要组合在一起使用，如一个学生的姓名、学号、性别、年龄、成绩等。在 Go 语言中，这些被组合在一起的多个字段所形成的数据结构叫作结构体(Structure)。当然，结构体涉及的内容不只是字段。Go 语言没有面向对象的有关概念，如类、继承。取而代之，Go 语言使用结构体描述现实世界中的实体与实体的各种属性和行为。

7.1　结构体的定义

在 Go 语言中，数组存储的是同一种类型的数据，而结构体可以存储不同种类型的数据。Go 语言使用关键字 type 和 struct 定义结构体，其语法格式如下：

```
type structName struct {
    field1 type1
    field2 type2
    … …
}
```

其中，structName 是结构体名，field 和 type 分别是字段名及其对应的数据类型。

```
type Point struct {              //定义结构体 Point
    x float32                    //字段 x
    y float32                    //字段 y
}
type Employee struct {           //由 3 个字段组成的结构体 Employee
    firstName, lastName string   //类型相同的变量可以写在同一行
    age int
}
```

结构体定义完成以后，就可以用它声明并初始化变量，其语法格式如下：

```
variableName := structName { value1, value2, …, valueN }
```

或者

```
variableName := structName { key1:value1, key2:value2, …, keyN:valueN }
```

其中，variableName 是变量名，structName 是结构体名，key 和 value 分别是键与对应的值。

这是第一种实例化结构体变量的方法。

举例：

```
type Point struct {                          //定义结构体 Point
    x, y float32
}
func main() {
    p1 := Point{1.2, 2.6}                    //结构体变量 p1
    fmt.Printf("x=%.2f, y=%.2f\n", p1.x, p1.y)
}
```

上述代码的输出结果：

```
x=1.20, y=2.60
```

在上述代码中，语句 p1 := Point{1.2，2.6} 与 p1 := Point{x：1.2，y：2.6} 是等价的。

在 Go 语言中，第二种实例化结构体变量的方法是使用 new() 函数。

举例：

```
func main() {
    emp1 := new(Employee)                    //等价于 emp1 := &Employee{}
    emp1.firstName = "Hui"
    emp1.lastName = "Wang"
    emp1.age = 35
    fmt.Printf("First name = %s\n", emp1.firstName)
    fmt.Printf("Last name = %s\n", emp1.lastName)
    fmt.Printf("Age = %d\n", emp1.age)
}
```

上述代码的输出结果：

```
First name = Hui
Last name = Wang
Age = 35
```

第三种实例化结构体变量的方法是使用取地址操作符。上述代码中的语句 emp1 := new(Employee) 与 emp1 := &Employee{} 等价。

7.2　匿名结构体与匿名字段

没有名称的结构体叫作匿名结构体。其语法格式如下：

```
struct {
    field1 type1
    field2 type2
    … …
}
```

其中，field 和 type 分别是字段名及其对应的数据类型。

举例：

```go
func main() {
    emp1 := struct {                                        //匿名结构体
        firstName    string
        lastName     string
        age          int
    }{ firstName: "Hui", lastName: "Wang", age: 35 }        //紧接着进行实例化
    fmt.Println("Employee", emp1)
}
```

上述代码的输出结果：

```
Employee {Hui Wang 35}
```

创建结构体时，也可以使用没有名称只有类型的字段，这种字段叫作匿名字段。
举例：

```go
type Person struct {
    string                                      //匿名字段,没有字段名
    int                                         //匿名字段,没有字段名
}
func main() {
    p1 := Person{string: "Hui Wang", int: 35}
    fmt.Println(p1.string)                      //输出 Hui Wang
    fmt.Println(p1.int)                         //输出 35
}
```

在一个结构体中，同一种数据类型只能有一个匿名字段。

7.3 嵌套结构体

一个结构体包含的字段本身也是一个结构体，我们称这种类型的结构体为嵌套结构体（Nested Structure）。
举例：

```go
type Address struct {                           //定义结构体 Address
    city      string
    province string
}
type Person struct {                            //定义结构体 Person,嵌套结构体
    name    string
    age     int
    address    Address                          //字段 address 同时也是一个结构体
}
func main() {
    p1 := Person {
        name:   "Hui Wang",
        age:    35,
        address: Address{ city: "Tianjin", province: "Tianjin" },
    }
    fmt.Println("Name:", p1.name)               //输出 Name: Hui Wang
```

```
    fmt.Println("Age:", p1.age)                    //输出 Age: 35
    fmt.Println("City:", p1.address.city)          //输出 City: Tianjin
    fmt.Println("Province:", p1.address.province)     //输出 Province: Tianjin
}
```

下面的例子将嵌套结构体与匿名字段结合起来使用。

举例：

```
type Song struct {
    string                        //匿名字段,代表歌曲名
    Singer                        //匿名字段,嵌套结构体,歌手 singer
}
type Singer struct {
    string                        //匿名字段,代表歌手姓名
}
func main() {
    var s Song
    s.string = "我和我的祖国"
    s.Singer.string = "李谷一"
    fmt.Println(s)
}
```

上述代码的输出结果：

```
{我和我的祖国 {李谷一}}
```

7.4　结构体与函数

函数也可以用作结构体的字段。下面通过具体的例子,说明在结构体内部怎样使用函数。

举例：

```
type foodName func(string) string         //声明函数类型
type Food struct {
    name    string
    reader    foodName                     //函数字段
}
func main() {
    dumpling := Food{
        name: "Dumpling",
        reader: func(x string) string {    //定义函数体
            return "这是" + x + "。"
        },                                 //此处的逗号不能省略
    }
    fmt.Println(dumpling.reader(dumpling.name))
}
```

上述代码的输出结果：

```
这是 Dumpling。
```

与普通数据类型一样,结构体也可作为实参传递给函数。

举例:

```
type Employee struct {
    firstName     string
    lastName      string
    age           int
}
func main() {
    var emp1 Employee
    /* 设置 emp1 各个字段的值 */
    emp1.firstName = "Hui"
    emp1.lastName = "Wang"
    emp1.age = 35
    printInfo(emp1)
}
func printInfo(emp Employee) {
    fmt.Printf("First name:%s\n", emp.firstName)
    fmt.Printf("Last name:%s\n", emp.lastName)
    fmt.Printf("Age:%d\n", emp.age)
}
```

上述代码的输出结果:

```
First name:Hui
Last name:Wang
Age:35
```

7.5   结构体指针

Go 语言支持定义指向结构体的指针,其语法格式如下:

```
var structPointer * Structure
```

其中,structPointer 是指针变量名,Structure 是一个结构体。

举例:

```
func main() {
    var emp1 Employee
    var emp2 Employee
    /* 设置 emp1 各个字段的值 */
    emp1.firstName = "Hui"
    emp1.lastName = "Wang"
    emp1.age = 35
    /* 设置 emp2 各个字段的值 */
    emp2.firstName = "Hua"
    emp2.lastName = "Li"
    emp2.age = 25
    printInfo(&emp1)                              //输出雇员 emp1 的信息
```

```
        printInfo(&emp2)                        //输出雇员 emp2 的信息
}
func printInfo(emp * Employee) {
    fmt.Printf("First name:%s\n", emp.firstName)
    fmt.Printf("Last name:%s\n", emp.lastName)
    fmt.Printf("Age:%d\n", emp.age)
}
```

上述代码的输出结果：

```
First name:Hui
Last name:Wang
Age:35
First name:Hua
Last name:Li
Age:25
```

7.6　结构体数组及其他内容

结构体数组的每个元素都是一个结构体类型的数据。
举例：

```
type Student struct {
    name string
}
func main() {
    var students []Student
    s1 := Student{"Wang"}
    students = append(students, s1)
    s2 := Student{"Sun"}
    students = append(students, s2)
    for i := 0; i < len(students); i++ {
        fmt.Println(students[i])
    }
}
```

上述代码的输出结果：

```
{Wang}
{Sun}
```

对于同一个结构体的两个实例，如果它们在相同的字段中具有相同的值，那么就认为这
两个实例是相等的。
举例：

```
type Animal struct {
    name string
}
func main() {
```

```
    a1 := Animal{"cat"}
    a2 := Animal{"cat"}
    if a1 == a2 {
        fmt.Println("They are equal.")
    } else {
        fmt.Println("They are not equal.")
    }
}
```

上述代码的输出结果：

```
They are equal.
```

另外，还可以用结构体指针处理链表等问题，限于篇幅，本章不再讲述。

7.7 小结

Go 语言将那些具有内在联系的、不同类型的数据组合在一起，从而形成了一种特殊的数据结构，这种数据结构叫作结构体。Go 语言中没有类、继承等面向对象的概念。Go 语言使用关键字 type 和 struct 定义结构体。结构体由若干字段组成，函数也可以作为字段使用。没有名称的结构体叫作匿名结构体，没有名称只有类型的字段叫作匿名字段。

如果一个结构体的字段本身也是一个结构体，那么我们称这种类型的结构体为嵌套结构体。Go 语言的嵌套结构体与接口相互配合，实现的功能比面向对象实现的功能扩展性和灵活性更高。与普通的数据类型一样，结构体也可作为实参传递给函数。Go 语言支持定义指向结构体的指针，使用结构体指针可以处理各种链表问题。

练习题

1. Go 语言使用关键字_____和_____定义结构体。

2. 实例化结构体变量的方法有_____种。

3. 没有名称的结构体叫作_____。

4. 请给出结构体的定义。

5. 已知结构体名 Point，其包含的两个字段 x 和 y 都是 float32 类型，请给出这个结构体的声明。

6. 写出下列代码的输出结果_____。

```
type Person struct {
    string
    int
}
func main() {
    p1 := Person{string: "Kate", int: 15}
    fmt.Printf("name = %s, age = %d", p1.string, p1.int)
}
```

7. 写出下列代码的执行结果_____。

```
type Fruit struct {
    name string
}
func main() {
    var apple = Fruit{"Apple"}
    fmt.Println(apple)
}
```

8. 已知一个结构体 Fruit, 试着使用 3 种方法实例化一个结构体变量 banana, 其 name 字段的值为"Banana"。

```
type Fruit struct {
    name string
}
```

9. 在 Go 语言中, 对结构体进行取地址操作 & 可得到结构体的一个实例, 其效果等价于 new() 函数。请以一个具体的例子解释说明。

10. 定义一个结构体 Date, 它包含 3 个字段 year、month、day, 计算该日是本年的第几天。提示: 注意闰年问题。

输入样例:

2023 2 21

输出样例:

52

11. 编写一个函数 calcDays(), 实现上面的计算。由主函数将年、月、日传递给 calcDays() 函数, 计算完成后将天数传回主函数输出。

12. 创建一个结构体 Student, 其包含的字段有姓名 name、学号 numberID、性别 gender、专业 major, 创建该结构体的一个实例 s1, 输出这名学生的专业。

13. 定义一个矩形结构体 Rectangle, 其包含的字段有高度 height 和宽度 width; 再定义两个函数 calcArea() 和 calcPerimeter(), 分别用于计算矩形的面积和周长。

14. 完善下列代码。代码的功能: 创建一个单链表, 它由 3 个节点组成, 然后遍历这个单链表。

```
package main
_____
type Node struct {
    Data int
    Next * Node
}
func showNode(p * Node) {                    //遍历
    for p != nil {
        fmt.Println(* p)
        p = p.Next                           //移动指针
    }
}
func main() {
```

```
        var head = new(Node)
        head.Data = 1
        var node1 = _____
        node1.Data = 2

        head.Next = node1
        var node2 = new(Node)
        node2.Data = 3
        node1.Next = _____
        showNode(head)
}
```

上述代码的输出结果：

```
{1 0xc000042260}
{2 0xc000042270}
{3 <nil>}
```

第 8 章
接　口

在 Go 语言中,接口(Interface)是一种自定义类型,其中包含若干个方法签名。接口是抽象的,不允许创建接口的实例。但是,可以创建接口类型的变量。一种类型只要实现了某个接口,就可以将该类型的值赋给这个接口类型的变量。声明接口使用关键字 type 和 interface,其语法格式如下:

```
type interfaceName interface {
    methodName1 returnType1
    methodName2 returnType2
    ……
}
```

其中,interfaceName 是接口名,methodName 和 returnType 分别是方法名及其对应的返回值的数据类型。methodName 与 returnType 合在一起构成了一个方法的签名。实际上,接口是方法签名的集合。

8.1　接口介绍

接口的类型一共分为两种:一种是空接口;另一种是非空接口。不包含任何方法签名的接口就是空接口。空接口没有任何约束条件,因此任意类型都已实现了空接口。

举例:空接口。

```
type EmptyInterface interface {}         //声明一个空接口 EmptyInterface
func main() {
    var e EmptyInterface                 //声明一个空接口类型的变量 e
    fmt.Println(e)
    e = 5                                //整型实现了空接口
    fmt.Printf("值: %v, 类型: %T\n", e, e)
    e = "中国梦"                          //字符串型实现了空接口
    fmt.Printf("值: %v, 类型: %T\n", e, e)
}
```

上述代码的输出结果:

```
<nil>
值: 5, 类型: int
值: 中国梦, 类型: string
```

上述代码也可以简写为：

```go
func main() {
    var e interface{}                             //声明一个空接口类型的变量 e
    fmt.Println(e)
    e = 5                                         //整型实现了空接口
    fmt.Printf("值：%v, 类型：%T\n", e, e)
    e = "中国梦"                                   //字符串型实现了空接口
    fmt.Printf("值：%v, 类型：%T\n", e, e)
}
```

举例：空接口作为函数的形参。

```go
func f(i interface{}) {
    fmt.Printf("值：%v, 类型：%T\n", i, i)
}
func main() {
    f(1)
    f("中国人")
}
```

上述代码的输出结果：

```
值：1, 类型：int
值：中国人, 类型：string
```

通常情况下，一个接口中包含的方法签名不超过 3 个。一个变量要想赋值给一个非空接口，就必须实现该接口包含的所有方法。那么，怎样实现一个非空接口呢？

举例：

```go
type Person interface {                          //接口 Person
    sayHello() string
}
type Human struct {                              //结构体 Human
    name string
}

func (h Human) sayHello() string {               //结构体 Human 实现方法 sayHello()
    return "Hi, I am " + h.name
}
func isPerson(p Person) {                         //定义函数 isPerson()
    fmt.Println(p.sayHello())
}
func main() {
    var p Person
    p = Human{"Hui"}
    fmt.Println(p.sayHello())                    //输出 Hi, I am Hui
    isPerson(p)                                  //输出 Hi, I am Hui
}
```

通过实现多接口，一个对象能展现出不同的行为特点。在下列代码中，结构体 Bird 同时实现了接口 Flyer 和 Jumper。

举例：

```
type Flyer interface {
    fly() string
}
type Jumper interface {
    jump() string
}
type Bird struct {
    name string
}
func (b * Bird) fly() string {
    return "Flying …"
}
func (b * Bird) jump() string {
    return "Jumping …"
}
func main() {
    var b = Bird{"Lark"}                    //百灵鸟 Lark
    fmt.Println(b.name, b.fly())            //输出 Lark Flying …
    fmt.Println(b.name, b.jump())           //输出 Lark Jumping …
}
```

Go 语言不要求一种类型显式地声明实现了哪一个接口，只要它实现了一个接口包含的所有方法，编译器就能自动检测到。另外，当一个方法名的首字母大写，并且其所在接口的接口名首字母也大写时，这个方法才可以被接口所在包之外的代码访问。

8.2　类型断言

接口类型的变量可以存储任意类型的值（前提是该类型实现了这个接口），类型断言（Type Assertion）能给出接口变量中存储的值及其类型。类型断言的语法格式如下：

```
value, ok := x.(type)
```

其中，x 是一个接口类型的变量，type 是一个具体的数据类型。类型断言的返回值有两个：一个是接口变量中存储的值 value；另一个是布尔值 ok。表 8-1 给出了类型断言正确与错误时两个返回值的情况。

表 8-1　类型断言 x.(type)的两个返回值 value 和 ok

类 型 断 言	value	ok
正确	变量 x 的值	true
错误	type 类型的零值	false

举例：

```
func main() {
    var i interface{} = 42
```

```go
        fmt.Println(i.(int))                          //输出 42,忽略第二个返回值
    }
```

举例:

```go
func main() {
    var i interface{} = 10
    value, ok := i.(string)
    if ok == false {
        fmt.Println("类型断言错误!")
    } else {
        fmt.Println(value)
    }
    fmt.Println(i.(int))                              //输出 10
}
```

上述代码的输出结果:

```
类型断言错误!
10
```

举例:

```go
type B struct {                                       //定义结构体 B
    s string
}
func main(){
    var i interface{} = B{"hello"}
    fmt.Println(i.(B))                                //输出 hello
}
```

type switch 类型开关是一种特殊形式的开关语句,它比较的是类型,而不是具体的值。type switch 判断某个接口变量的类型,然后依据具体类型执行相应的操作,其语法格式如下:

```go
switch x.(type) {
case type1:
    block1
case type2:
    block2
… …
default:
    blockN
}
```

其中,x 是一个接口类型的变量,case 子句后面的类型必须实现该接口。另外,case 子句中不能使用关键字 fallthrough。
举例:

```go
package main
import "fmt"
type Bird interface {                                 //声明接口 Bird
```

```
        sing() string
    }
    type Lark struct{ }                          //结构体 Lark 实现接口 Bird
    func (lark Lark) sing() string {
        return fmt.Sprintf("Lark is singing …")
    }
    type Parrot struct{ }                        //结构体 Parrot 实现接口 Bird
    func (parrot Parrot) sing() string {
        return fmt.Sprintf("Parrot is singing …")
    }
    func main() {
        var bird Bird = Lark{}                    //接口 Bird 类型的变量 bird
        switch bird.(type) {                      //此处的程序行为被称为 Go 语言的多态性
        case Lark:
            fmt.Println("The type of bird is Lark")
        case Parrot:
            fmt.Println("The type of bird is Parrot")
        }
    }
```

上述代码的输出结果：

```
The type of bird is Lark
```

type switch 开关语句利用了 Go 语言的多态性（Polymorphism）。多态就是"多种状态"的意思。到目前为止，本章只使用结构体实现接口，实际上任何数据类型都可以。

举例：

```
type myInt int
type myString string

type A interface {
    f() string
}
func (x myInt) f() string {
    return "myInt: in f()"
}
func (x myString) f() string {
    return "myString: in f()"
}
func main() {
    var i A
    i = myInt(5)
    fmt.Println(i.f())
    i = myString("hello")
    fmt.Println(i.f())
}
```

上述代码的输出结果：

```
myInt: in f()
myString: in f()
```

8.3　排序

Go 语言使用 sort 包进行排序。整型、浮点型和字符串型切片可以直接使用现成的排序方法 sort.Ints()、sort.Float64s() 和 sort.Strings()。对于复杂的数据类型，则需要实现排序接口 sort.Interface。

举例：对整型切片排序。

```go
func main() {
    vals := []int{4, 2, 1, 3}
    sort.Ints(vals)                          //升序排序
    fmt.Println(vals)
    sort.Sort(sort.Reverse(sort.IntSlice(vals)))
    fmt.Println(vals)                        //降序排列
}
```

上述代码的输出结果：

```
[1 2 3 4]
[4 3 2 1]
```

Go 语言将[]int 重定义为自定义类型 IntSlice。Reverse() 函数通过 Less() 实现降序排列，其返回值是接口。最终通过调用 Sort() 函数实现降序排列。

举例：对浮点型切片排序。

```go
func main() {
    vals := []float64{1.2, 3.0, 2.1, 1.5}
    sort.Float64s(vals)                      //升序排列
    fmt.Println(vals)
    sort.Sort(sort.Reverse(sort.Float64Slice(vals)))
    fmt.Println(vals)                        //降序排列
}
```

上述代码的输出结果：

```
[1.2 1.5 2.1 3]
[3 2.1 1.5 1.2]
```

举例：对字符串型切片排序。

```go
func main() {
    words := []string{"good", "luck", "hello", "world" }
    sort.Strings(words)                      //升序排列
    fmt.Println(words)
    sort.Sort(sort.Reverse(sort.StringSlice(words)))
    fmt.Println(words)                       //降序排序
}
```

上述代码的输出结果：

```
[good hello luck world]
```

```
[world luck hello good]
```

由上述示例可知,Go 语言的排序属于原地排序(In-place),即对原切片排序。另外,可使用函数 IntsAreSorted()、Float64sAreSorted()和 StringsAreSorted()查看一个切片是否已排序。

8.3.1 自定义排序

在某些情况下,sort 包提供的方法并不能满足需求,这时就需要自定义排序。自定义排序需要先实现 sort.Interface 排序接口,然后再调用 sort.Sort()方法。sort.Interface 接口包含 Len()、Less()和 Swap() 3 个方法。

```
type Interface interface {
        Len() int
        Less(i, j int) bool
        Swap(i, j int)
}
```

下列代码实现 sort.Interface 排序接口,并依据字符串的长度进行排序。
举例:

```
import ( "fmt"; "sort" )              //此处采用的写法是为了节省篇幅
type ByLength []string                //将[]string 重定义为自定义类型
func (s ByLength) Len() int {         //实现方法 Len()
    return len(s)
}
func (s ByLength) Swap(i, j int) {    //实现方法 Swap()
    s[i], s[j] = s[j], s[i]
}
func (s ByLength) Less(i, j int) bool {  //实现方法 Less()
    return len(s[i]) < len(s[j])
}
func main() {
    words := ByLength{"good", "luck", "hello", "world"}
    sort.Sort(words)
    fmt.Println(words)
}
```

上述代码的输出结果:

```
[good luck hello world]
```

注意:要排序的字符串切片[]string 是系统的内置类型,无法让其实现 sort.Interface 排序接口。因此,需要将[]string 重定义为自定义类型。另外,本例使用字符串切片实现排序接口。

8.3.2 sort.Slice()方法

sort.Slice()是 Go 1.8 版本引入的方法,可以对任何类型排序,而不需要自定义实现排序接口,其完整的语法格式如下:

```
Slice(x interface{}, func(int, int) bool)              //第一个参数 x 是空接口类型的变量
```

举例：

```
func main() {
    words := []string{"good", "luck", "hello", "world" }
    sort.Slice(words, func (i, j int) bool {           //由匿名函数定义排序规则
        return len(words[i]) < len(words[j])           //升序排列
    })
    fmt.Println(words)
    sort.Slice(words, func (i, j int) bool {           //由匿名函数定义排序规则
        return len(words[i]) > len(words[j])           //降序排列
    })
    fmt.Println(words)
}
```

上述代码的输出结果：

```
[good luck hello world]
[hello world good luck]
```

举例：依据投影 map 的键进行排序。

```
func main() {
    items := map[string]int{                           //创建投影 items
        "one":   1,
        "two":   2,
        "three": 3,
    }
    //声明并初始化一个字符串切片
    keys := make([]string, 0, len(items))
    for key, _ := range items {
        keys = append(keys, key)
    }
    sort.Strings(keys)
    for _, key := range keys {
        fmt.Printf("%s %d\n", key, items[key])
    }
}
```

上述代码的输出结果：

```
one 1
three 3
two 2
```

举例：依据投影 map 的值进行排序。

```
func main() {
    items := map[string]int{                           //创建投影 items
        "one":   1,
        "two":   2,
        "three": 3,
```

```
    }
    keys := make([]string, 0, len(items))
    for key, _ := range items {
        keys = append(keys, key)
    }
    sort.Slice(keys, func(i, j int) bool {          //依据投影的值降序排列
        return items[keys[i]] > items[keys[j]]
    })
    for _, key := range keys {
        fmt.Printf("%s %d\n", key, items[key])
    }
}
```

上述代码的输出结果：

```
three 3
two 2
one 1
```

当两个元素的值相等时，如果想保持它们在原切片中的先后顺序不变，则需要使用 sort.SliceStable()方法。

8.3.3　结构体排序

那么，怎样对一个结构体进行排序呢？假如有一个结构体 Student，它包含两个字段 name 和 age。

举例：

```
type Student struct {
    name string
    age  int
}
func main() {
    students := []Student{
        Student{name: "wang", age: 19},
        Student{name: "liu", age: 18},
        Student{name: "song", age: 18},
        Student{name: "zhou", age: 20},
    }
    sort.Slice(students, func(i, j int) bool {        //依据 age 升序排列
        return students[i].age < students[j].age
    })
    fmt.Println(students)

    sort.Slice(students, func(i, j int) bool {        //依据 name 降序排列
        return students[i].name > students[j].name
    })
    fmt.Println(students)
}
```

上述代码的输出结果：

```
[{liu 18} {song 18} {wang 19} {zhou 20}]
[{zhou 20} {wang 19} {song 18} {liu 18}]
```

怎样同时参照多字段进行排序呢？先依据 age 升序排序，当 age 相同时，再依据 name 降序排序。下面给出具体的代码实现。

```
sort.Slice(students, func(i, j int) bool {
    if students[i].age != students[j].age{
        return students[i].age < students[j].age
    }
    return students[i].name > students[j].name
})
fmt.Println(students)
```

上述代码的输出结果：

```
[{song 18} {liu 18} {wang 19} {zhou 20}]
```

8.4　error 接口

Go 语言通过内置的 error 错误接口提供了非常简单的错误处理机制。error 错误接口的定义如下：

```
type error interface {
    Error() string
}
```

errors 是 Go 语言的一个内置包，该包实现了 error 错误接口。创建一个错误最简单的办法是调用 errors.New() 函数。通常情况下，如果函数需要返回错误，则将其作为返回值的最后一个。

举例：

```
import (
    "errors"
    "fmt"
)
func subtraction(x, y float64) (float64, error) {
    if x < y {
        return 0, errors.New("第 1 个参数小于第 2 个参数")
    }
    return x - y, nil
}
func main() {
    output, err := subtraction(2, 1)
    if err != nil {
        fmt.Printf("%s%s\n", "计算减法时发生错误:", err)
    } else {
        fmt.Printf("%s%.2f\n", "减法的结果:", output)
    }
```

```
    output, err = subtraction(3, 10)
    if err != nil {
        fmt.Printf("%s%s\n", "计算减法时发生错误:", err)
    } else {
        fmt.Printf("%s%.2f\n", "减法的结果:", output)
    }
}
```

上述代码的输出结果:

减法的结果:1.00
计算减法时发生错误:第 1 个参数小于第 2 个参数

创建自定义错误的一种最简单的办法是使用 errors 包的 New() 函数。

```
import (
    "errors"
    "fmt"
    "math"
)

func circleArea(r float64) (float64, error) {
    if r < 0 {
        return 0, errors.New("面积计算失败,半径小于零")
    }
    return math.Pi * r * r, nil
}
func main() {
    r := -5.0
    area, err := circleArea(r)
    if err != nil {
        fmt.Println(err)
        return
    }
    fmt.Printf("Area of circle %0.2f\n", area)
}
```

上述代码的输出结果:面积计算失败,半径小于零

创建自定义错误也可以通过实现 error 接口的 Error() 方法,使其返回对应的错误信息。修改上述代码,实现 error 接口。

```
import (
    "fmt"
    "math"
)
type areaError struct {
    radius float64
    err    string
}
func (e areaError) Error() string {
    return fmt.Sprintf("r = %g,%s", e.radius, e.err)
}
```

```go
func circleArea(r float64) (float64, error) {
    if r < 0 {
        e := areaError{r, "半径小于零,面积计算失败!"}
        return 0, e
    }
    return math.Pi * r * r, nil
}
func main() {
    r := -5.0
    area, err := circleArea(r)
    if err != nil {
        fmt.Println(err)
        return
    }
    fmt.Printf("Area of circle: %.2f\n", area)
}
```

上述代码的执行结果：r = −5,半径小于零,面积计算失败!

另外,读者还可以使用 fmt.Errorf()函数,将错误信息进行格式化输出。

8.5 小结

在 Go 语言中,接口是一种自定义类型,其中包含若干个方法的签名。接口是抽象的,不允许创建接口的实例,但是可以创建接口类型的变量。一种类型只要实现了某个接口,就可以将该类型的值赋给这个接口类型的变量。声明接口使用关键字 type 与 interface。接口有两种类型：一种是空接口;另一种是非空接口。没有定义任何方法的接口是空接口。空接口没有任何约束条件,因此任何类型都已实现了空接口。类型断言（Type Assertion）和类型开关（Type Switch）能给出接口变量中存储的值及其类型。type switch 是一种特殊形式的开关语句,它比较的是类型,而不是具体的值。

Go 语言使用 sort 包进行排序。排序整型、浮点型和字符串型切片可以直接使用 Ints（）、Float64s（）和 Strings（）方法。排序复杂类型的切片,则需要实现排序接口 sort.Interface,该接口包含 Len()、Less()和 Swap() 3 个方法。Go 1.8 版本引入的 sort.Slice() 方法可以对任何类型进行排序,而无须自定义实现排序接口。使用 sort.Slice()方法还可以实现多字段排序。

练习题

1. 接口是一个_____概念(抽象的/具体的)。

2. 接口最常见的用途是_____。

3. 声明接口需要使用关键字_____和_____。

4. 本质上,接口是什么?

5. 接口的类型有几种? 分别是什么?

6. 对整型切片进行排序时,可以直接使用_____方法。

7. 对字符串切片进行排序时,可以直接使用_____方法。

8. 在实际的生产实践中,一个接口包含的方法通常不超过几个?

9. 编写代码,声明一个空接口类型的变量 i。

10. 已知 f()的函数定义如下:

```
func f(a, b int) string {
    return "in f()"
}
```

编写代码,输出 f()的函数签名。

11. Go 语言进行排序时需要使用的内置包是_____。

12. 写出 sort 排序包中 Slice()的函数签名。

13. 自定义排序时,必须实现 sort.Interface 排序接口的 3 个方法:Len()、Less 和_____。

14. 已知 x 是一个接口类型的变量,type 是一个具体的数据类型,给出类型断言的一般形式。

15. 类型断言的返回值有几个? 分别是什么?

16. 写出下列代码的输出结果:

```
var i interface{} = 5.0
val, _ := i.(int)
fmt.Println(val)
```

17. 编写代码,声明接口 Sort,其包含的 3 个方法分别是 Len() int、Less(i, j int) bool、Swap(i, j int)。

18. 有下列代码:

```
var i interface{} = 10
value, ok := i.(string)
```

请写出变量 ok 的值。

19. 编程实现:对下列整型切片 vals 进行降序排列并输出。

```
vals : = []int{1, 5, 2, 4, 3}
```

20. 已知字符串切片 s:=[]string{"b", "a", "d", "aa", "c"},编写程序将其升序排列并输出。

21. 已知投影

```
items:= map[string]int{
    "b":1,
    "c":2,
    "a":3,
}
```

编写代码,依据键对 items 进行降序排列,然后按键的先后顺序输出该投影。

22. 简单总结一下接口的使用场景。

第 9 章
协程与通道

一个大型程序通常由许多较小的子程序组成，如 Web 服务器程序，它有时需要同时处理几十个客户请求。Go 语言使用协程（Goroutine）和通道（Channel）为并发程序（Concurrency）提供全面的支持。

9.1 协程

协程是一种能够与其他函数并发执行的函数。启动协程使用关键字 go，紧随其后是函数调用，其语法格式如下：

```
go functionName(parameterList)
```

其中，functionName 是函数名，parameterList 是实参列表。

举例：

```
func f(s string) {
    for i := 0; i < 3; i++ {
        fmt.Println(s, "=>", i)
    }
}
func main() {
    go f("a")                       //删除以下 3 行代码会发生什么呢
    var input string
    fmt.Scanln(&input)
    fmt.Println("输入的值:", input)
}
```

上述代码的一次执行结果：

```
a => 0
a => 1
a => 2
输入的值: hello
```

上述程序由两个协程组成：一个是 main() 函数；另一个是 go f("a")。

通常情况下，当调用一个函数 f() 时，程序的控制流会转向执行函数 f() 中的语句，只有函数 f() 执行完毕，才会返回到调用发生的位置。如果使用协程，则主调函数不会等待被调用函数执行完毕,而是立即返回执行其剩余的代码。这就是在上述代码中使用 Scanln() 函数的原因。如果不使用 Scanln() 函数,f() 函数还没来得及输出执行结果,主程序就已经退出了。

协程是一种轻量级的线程(Thread),如果需要,可以在程序中创建数千个协程。
举例:

```
import (
    "fmt"
)
func f(n int) {
    for i := 0; i < 3; i++ {
        fmt.Println(n, "=>", i)
    }
}
func main() {
    for i := 0; i < 3; i++ {
        go f(i)                       //创建 3 个协程
    }
    var input string
    fmt.Scanln(&input)
    fmt.Println("输入的值:", input)
}
```

上述代码的一次执行结果:

```
0 => 0
2 => 0
2 => 1
2 => 2
1 => 0
1 => 1
1 => 2
0 => 1
0 => 2
输入的值: hello
```

由上述代码的输出结果可以看出,这 3 个协程是并发运行的。

9.2　通道

通道是一种在协程之间执行通信,从而具有同步功能的数据结构。一个协程可以使用通道给另一个协程发送数据,或者从另一个协程接收数据。声明通道使用关键字 chan,其语法格式如下:

```
var channelName chan dataType
```

其中,channelName 是通道名,dataType 是通道内部所传输数据的类型。

```
var ch1 chan string
```

上述代码创建了一个字符串类型的通道 ch1,此时其值为 nil(没有初始化)。

```
var ch2 chan interface{}
```

上述代码创建了一个空接口类型的通道 ch2,它可以传输任意类型的数据。

通道经过声明并初始化后才能使用。通道初始化使用 make()函数,其语法格式如下:

```
channelName := make(chan dataType)
```

默认情况下,通道是不带缓冲区的。在发送端发送数据的同时,接收端必须准备好接收数据。也就是说,发送端发送完数据后持续阻塞,直至数据被接收。

操作符<-用于发送或接收数据:
ch <- val 表示使用通道 ch 发送数据 val;
val = <- ch 表示从通道 ch 接收数据,并赋值给变量 val。

举例:

```
func channelData(ch chan int) {
    ch <- 10                              //使用通道 ch 发送整数 10
}
func main() {
    var ch chan int
    ch = make(chan int)
    go channelData(ch)                    //使用协程 channelData()发送整数 10
    val := <-ch
    fmt.Println(val)
}
```

上述代码的输出结果:

```
10
```

举例:通道的错误使用方式

```
func main() {
    ch := make(chan int)
    ch <- 1                               //永远不能成功发送
}
```

在上述代码中数据之所以不能成功发送,是因为没有接收方(另一个协程)接收数据。

9.2.1 接收数据

下面总结一下使用通道接收数据的 4 种方式:
1)忽略接收到的数据:<-ch
这种使用方式的真正意图是通过通道实现协程间的同步。
举例:

```
func main() {
    ch := make(chan int)
    go func() {                           //协程为匿名函数
```

```
        fmt.Println("goroutine starts")
        ch <- 0
        fmt.Println("goroutine exits")
    }()
    fmt.Println("waiting goroutine")
    <-ch
    fmt.Println("finished!")
}
```

上述代码的输出结果：

```
waiting goroutine
goroutine starts
goroutine exits
finished!
```

2）阻塞接收数据：data:=<-ch

该语句将会被阻塞，直至接收端收到数据并赋值给变量 data。

3）非阻塞接收数据：data, ok:=<-ch

data 表示接收到的数据。未收到数据时，data 为通道类型的零值。布尔变量 ok 表示是否收到数据，true 表示收到数据，false 表示未收到数据。读者要尽量少使用此种方式，因为它可能造成较高的 CPU 占有率。

4）循环接收数据，其用法如下所示：

```
for item:= range ch {
    ...
}
```

举例：

```
import (
    "fmt"
    "time"
)
func main() {
    ch := make(chan int)
    go func() {                       //协程为匿名函数
        for i := 1; i < 4; i++ {      //变量 i 的取值为 1、2、3
            ch <- i
            time.Sleep(time.Second)   //每次发送完毕等待 1s
        }
    }()
    for data := range ch {
        fmt.Println(data)
        if data == 3 {
            break
        }
    }
}
```

上述代码的输出结果：

```
1
2
3
```

9.2.2 通道缓冲区

通道可以带有缓冲区（Buffer）。使用 make()函数的第二个参数指定缓冲区的容量：

```
ch := make(chan int, 10)
```

上述代码指定通道的缓冲区容量为 10。带缓冲的通道允许数据的发送与接收处于异步状态。缓冲区已满时，发送端便不能发送数据；而缓冲区为空时，接收端便不能接收数据。

举例：

```
func main() {
    ch := make(chan int, 2)            //修改该行代码试一试
    ch <- 1
    ch <- 2
    fmt.Println(<-ch)
    fmt.Println(<-ch)
}
```

上述代码的输出结果：

```
1
2
```

如果通道没有缓冲区，则上述代码的数据传输方式是不可行的（此时发生死锁现象 Deadlock）。读者将 main()函数的第一行代码修改为 ch:= make(chan int)，会发生什么呢？

使用 len(ch)函数可得到通道 ch 的当前长度（Length）；使用 cap(ch)函数可得到通道 ch 缓冲区的容量（Capacity）。

举例：

```
func main() {
    ch := make(chan string, 5)
    ch <- "c"
    ch <- "123456789"
    fmt.Println(len(ch), cap(ch))
    m, n := <-ch, <-ch
    fmt.Println(m, n)
    ch <- "a"
    <-ch
    fmt.Println(len(ch), cap(ch))
}
```

上述代码的输出结果：

```
2 5
c 123456789
0 5
```

9.2.3 遍历通道

通过遍历通道可循环接收数据,这就是使用通道接收数据的第 4 种方式。下面使用协程和通道计算斐波那契数列(Fibonacci)。

举例:

```go
func fib(n int, ch chan int) {          //形参 n 表示得到数列的前 n 项
    x, y := 0, 1                          //规定数列的前两项为 0 和 1
    for i := 0; i < n; i++ {
        ch <- x
        x, y = y, x+y
    }
    close(ch)                             //关闭通道
}
func main() {
    ch := make(chan int, 10)
    go fib(10, ch)
    for i := range ch {
        fmt.Print(i, " ")
    }
    fmt.Println()
}
```

上述代码的输出结果:

```
0 1 1 2 3 5 8 13 21 34
```

在上述代码中,使用 for-range 循环以遍历的方式从通道接收数据。通道 ch 在发送完 10 个数据以后执行了关闭操作,因此 for-range 循环接收到 10 个数据后就结束了。如果上面的通道 ch 不关闭,则 for-range 循环就不会结束,从而在接收第 11 个数据时发生阻塞。

9.3 select 语句

select 语句也是一种控制结构,其用法类似于 switch 开关语句。它们两者的不同之处在于,select 语句只能用于通道,每个 case 必须是一个通道操作,要么发送数据,要么接收数据。select 语句会实时监听通道的状态,一旦有通道准备就绪,就会执行其对应的代码块。如果有多个通道同时准备就绪,那么 select 语句就会随机选择一个通道执行。如果所有通道都没有准备就绪,则执行 default 语句块中的代码。select 语句的语法与 switch 语句的语法类似,其一般形式如下:

```go
select {
    case case1:
        //block1
    case case2:
        //block2
    ...
    default:
```

```
        //blockN
    }
```

举例：

```
func f1(ch chan string) {
    ch <- "f1"
}
func f2(ch chan string) {
    ch <- "f2"
}
func main() {
    ch1 := make(chan string)
    ch2 := make(chan string)
    go f1(ch1)
    go f2(ch2)
    select {
    case val1 := <-ch1:
        fmt.Println("Got:", val1)
    case val2 := <-ch2:
        fmt.Println("Got:", val2)
    }
}
```

上述代码的一次运行结果：

```
Got: f1
```

9.4　小结

　　协程与通道为并发程序的开发提供了全面支持。协程是一种能与其他函数并发执行的函数。启动协程使用关键字 go。实际上，协程是一种轻量级的线程，如有需要，可在程序中创建数千个协程。通道是一种在协程之间执行通信，从而具有同步功能的数据结构。一个协程可以使用通道给另一个协程发送数据，或者从另一个协程接收数据。声明通道使用关键字 chan。通道发送或接收数据使用＜－操作符。通道是可以带有缓冲区的。通常使用 make()函数的第二个参数指定缓冲区的容量。遍历通道能实现循环接收数据。

　　select 语句也是一种控制结构，其用法类似于 switch 开关语句。它们两者的不同之处在于，select 语句只能用于操作通道，其 case 子句要么发送数据，要么接收数据。select 语句会实时监听通道的状态，一旦有通道准备就绪，就会执行其对应的代码块。如果有多个通道同时准备就绪，select 语句就会随机选择一个通道执行。如果所有通道都没有准备就绪，则执行 default 语句块。

练习题

　　1. 写出协程的定义。

2. 给出启动协程 f(x)的代码,其实参值为 10。

3. 写出通道的定义。

4. 声明通道 ch 使其只能传输整型数据。

5. 初始化第 4 题声明的通道 ch,其缓冲区大小为 100。

6. 声明并初始化空接口类型的通道 ch,其缓冲器的容量为 10。

7. 使用_____函数可得到通道 ch 的当前长度。

8. 使用_____函数可得到通道 ch 的缓冲区容量。

9. 编写代码,生成 5 个在[0,100]范围的整数。

10. 写出下列代码的输出结果_____。

```
func main() {
    var ch chan int
    ch = make(chan int, 100)
    ch <- 5
    a := <-ch
    fmt.Printf("%d\n", a)
}
```

11. 通道支持的 3 种操作是什么?

12. 为使得 for-range 循环能正常从通道 ch 中接收数据,发送完数据后不要忘记使用函数_____关闭该通道。

13. 阅读程序,写出下列代码的执行结果_____。

```
package main
import "fmt"
func main() {
    ch := make(chan string)
    go sendData(ch)
    fmt.Println(<-ch)
}
func sendData(ch chan string) {
    ch <- "喂,你好"
    fmt.Println("发送完毕!")
}
```

14. 阅读下列代码,写出其执行结果_____。

```
import (
    "fmt"
    "time"
)
func main() {
    ch := make(chan string)
    go receiveData(ch)
    fmt.Println("没有数据,接收操作被阻塞")
    ch <- "接收到数据"
    time.Sleep(time.Second)          //睡眠 1s
}
```

```
func receiveData(ch chan string) {
    fmt.Println(<-ch)
}
```

15. 写出下列代码的执行结果_____。

```
package main
import "fmt"
func f1(ch chan string) {
    ch <- "f1"
}
func f2(ch chan string) {
    ch <- "f2"
}
func main() {
    ch1 := make(chan string)
    ch2 := make(chan string)
    select {
    case val1 := <-ch1:
        fmt.Println("Got:", val1)
    case val2 := <-ch2:
        fmt.Println("Got:", val2)
    default:
        fmt.Println("All not ready!")
    }
}
```

第 **10** 章
异常处理

首先要区分错误（Error）与异常（Exception），错误发生在编译/翻译阶段。

```
if a > 5
{                                          //语法错误
    fmt.Println("a > 5")
}
```

上述代码存在语法错误，需要修改如下：

```
if a > 5 {
    fmt.Println("a > 5")
}
```

错误也会发生在运行阶段，此时叫作异常。

```
fmt.Println(1 / 0)                         //被零除
```

10.1 异常

Go 语言的异常与其他语言的异常相似。通常有两种情况可引发异常发生：一种情况是程序发生运行时错误；另一种情况是通过显式地调用 panic() 函数。panic() 函数的语法格式如下。

```
func panic(v interface{})
```

以下几种情况都会引发运行时错误：

（1）数组的越界访问；

（2）使用空指针 nil 调用函数；

（3）在已关闭的通道上发送或接收数据；

（4）类型断言错误。

举例：数组的越界访问。

```
func main() {
    a := []int{2, 1, 3}
    fmt.Println(a[3])                      //运行时错误:数组的越界访问
}
```

举例：使用空指针 nil 调用函数。

```
import "fmt"
type Person struct {
    Name string
    Age int
}
func (p * Person) say(){
    fmt.Printf("%s is %d years old\n", p.Name, p.Age)
}
func main(){
    var p * Person              //指针变量 p 的值为空 nil
    p.say()                     //使用空指针调用函数 say()
}
```

在上述代码中使用空指针调用 say()函数。为了避免此类错误，将代码修改如下。

```
func main() {
    var p * Person
    if p != nil {               //增加一个条件判断
        p.say()
    }
}
```

或者

```
func main() {
    var p * Person
    p = &Person{"hui", 35}
    p.say()
}
```

执行上述代码的输出结果：hui is 35 years old

通过显式地调用 panic()函数，可主动终止程序的执行过程。

```
import "fmt"
func main() {
    a := []int{3, 1, 5}
    printNumber(a, 3)
}
func printNumber(a []int, index int) {
    if index > len(a)-1 {
        panic("Out of bound access for slice")
    }
    fmt.Println(a[index])
}
```

执行上述代码的输出结果：

```
panic: Out of bound access for slice

goroutine 1 [running]:
main.printNumber({0xc000079f58?, 0x60?, 0x0? }, 0x0?)
```

```
    G:/go/programs/src/main.go:11 +0x98
main.main()
    G:/go/programs/src/main.go:7 +0x50
```

由上述代码的输出结果可以看出，panic 会输出两种类型的信息：一是错误信息；二是 panic 发生位置的堆栈跟踪信息。

举例：类型断言错误

```
func main() {
    var a interface{}
    a = 5
    fmt.Println(a.(string))            //类型断言错误
}
```

10.2 panic()与 defer

如果在同一个函数中，如 main()主函数，既有 panic()函数，又有 defer 延迟处理的函数，则先执行 defer 延迟处理函数，再执行 panic()函数。

举例：

```
import "fmt"
func main() {
    defer fmt.Println("Defer in main")
    panic("Panic with defer in main")
    fmt.Println("Behind the panic")
}
```

上述代码的部分输出结果：

```
Defer in main
panic: Panic with defer in main
```

在嵌套调用的函数中使用 panic()函数和 defer 延迟处理函数时，情况又会怎样呢？异常发生以后，所有涉及的 defer 延迟处理函数，都会以先进后出（First In Last Out，FILO）的方式被率先执行，然后再执行 panic()函数。

举例：

```
import "fmt"
func main() {
    f1()
}
func f1() {
    defer fmt.Println("Defer in f1")
    f2()
    fmt.Println("After panic in f1")
}
func f2() {
    defer fmt.Println("Defer in f2")
    panic("Panic in f2")
```

```
    fmt.Println("After panic in f2")
}
```

上述代码的输出结果：

```
Defer in f2
Defer in f1
panic: Panic in f2
goroutine 1 [running]:
main.f2()
    G:/go/programs/src/main.go:15 +0x73
main.f1()
    G:/go/programs/src/main.go:10 +0x70
main.main()
    G:/go/programs/src/main.go:6 +0x17
```

10.3 恢复函数 recover()

Go 语言提供了一个内置的恢复函数 recover()，用于捕获并恢复异常，其语法格式如下所示。

```
func recover() interface{}
```

由 10.2 节内容可知，异常发生以后程序将立即终止执行过程，只有延迟处理函数会被执行。因此，要想从异常中恢复过来，需要将 recover()函数进行延迟处理，这样才能终止异常。举例：

```
import "fmt"
func main() {
    a := []int{3, 1, 5}
    printNumber(a, 3)
    fmt.Println("Exit normally")        //不恢复异常，该行语句不会被执行
}
func printNumber(a []int, index int) {
    defer handleOutOfBounds()           //去掉 defer 会怎样呢
    if index > len(a)-1 {
        panic("Out of bound access for slice")
    }
    fmt.Println(a[index])
}
func handleOutOfBounds() {
    r := recover()                      //变量 r 的值就是 panic()函数的实参
    if r != nil {
        fmt.Println("Recover from panic:", r)
    }
}
```

上述代码的输出结果：

```
Recover from panic: Out of bound access for slice
```

```
Exit normally
```

比较上述代码的输出结果，与 10.1 节的输出结果有何不同。如果没有发生异常，则 recover()函数的返回值是 nil。

另外，panic()异常函数与 recover()恢复函数必须出现在同一个协程中，否则不能从异常中恢复。

举例：

```
import (
    "fmt"
    "time"
)
func main() {
    a := []int{2, 1, 3}
    f(a, 3)
    time.Sleep(time.Second)
    fmt.Println("Exit normally")
}
func f(a []int, index int) {
    defer handOutOfBounds()
    go printNumber(a, 3)
}
func printNumber(a []int, index int) {
    if index > len(a)-1 {
        panic("Out of bound access for slice")
    }
    fmt.Println(a[index])
}
func handOutOfBounds() {
    r := recover()
    if r != nil {
        fmt.Println("Recover from panic:", r)
    }
}
```

上述代码的输出结果：

```
panic: Out of bound access for slice

goroutine 6 [running]:
main.printNumber({0xc000016258?, 0x0?, 0x0?}, 0x0?)
    G:/go/programs/src/main.go:20 +0x98
created by main.f
    G:/go/programs/src/main.go:16 +0x98
```

10.4　小结

错误发生在编译或翻译阶段，而异常发生在运行阶段。Go 语言的异常与其他语言的异常是相似的。通常有两种情况可引发异常发生：一种情况是程序发生运行时错误；另一种情况是通过显式地调用 panic( )函数。异常发生后程序将立即终止执行过程,只有延迟处理函数会被执行。注意:panic( )异常函数与 recover( )恢复函数必须共存于同一个协程,否则不能从异常中恢复。

练习题

1. 错误发生在_____阶段,而异常发生在_____阶段。

2. 在代码中可以使用_____主动抛出异常。

3. panic( )函数的语法格式是_____。

4. 通常情况下,引发异常有几种情况? 分别是什么?

5. 至少写出两种及两种以上会引发运行时错误的情况。

6. recover( )函数的语法格式是_____。

7. 如果在同一个函数中既有 panic( )函数,又有 defer 延迟处理的 f( )函数,则先执行_____。

8. 编写程序,主动抛出被零除异常,然后捕获该异常,并输出信息"被零除"。

9. 举例说明在已关闭的通道上发送或接收数据会引发异常。

10. 写出下列代码的执行结果_____。

```
import "fmt"
func main() {
    defer func() {
        s := recover()
        fmt.Println(s)
    }()
    panic("in panic")
}
```

11. 下列代码是否存在问题? 如果存在,怎样修改?

```
import "fmt"
func main(){
    panic("in panic")
    s := recover()
    fmt.Println(s)
}
```

12. 写出下列代码的执行结果_____。

```
import "fmt"
func main() {
    a := []int{3, 1, 5}
    f(a, 3)
    fmt.Println("程序正常退出")
}
func f(a []int, index int) {
    defer handlePanic()
    if index > len(a)-1 {
```

```
        panic("数组越界访问")
    }
    fmt.Println(a[index])
}
func handlePanic() {
    r := recover()
    if r != nil {
        fmt.Println(r)
    }
}
```

第 11 章
正则表达式

字符串包 strings 提供的方法能完成诸如匹配、定位中一些较简单的字符串处理任务。下列代码判断变量 s 是否包含子串 123：

```
import ("fmt"; "strings")                    //此处采用的写法是为了节省篇幅
func main() {
    s := "good123luck"
    c := strings.Contains(s, "123")
    fmt.Println(c)                           //输出 true
    i := strings.Index(s, "123")             //子串定位
    fmt.Println(i)                           //输出 4
}
```

在一些较复杂的字符串处理任务中，如提取字符串 We456Love123China876 中所有的3 个连续出现的十进制数字。此时，字符串提供的方法就无能为力了，这种情况就需要使用正则表达式技术。

11.1　正则表达式的定义

正则表达式(Regular Expression)是一个特殊的字符序列，它定义了字符串的匹配模式。本书有时将正则表达式简记为 regex。Go 语言在 regexp 包中实现了正则表达式的功能，使用前需要加载该包：

```
import "regexp"
```

首先学习字符串匹配函数 regexp.MatchString() 的使用，其语法格式如下：

```
MatchString(pattern string, s string) (matched bool, err error)
```

参数说明：

pattern：模式字符串或正则表达式；

s：待匹配的字符串。

功能：说明字符串 s 是否包含模式 pattern。

返回值：两个返回值，一个是布尔值 matched，匹配成功时返回 true，否则返回 false；另一个是错误信息 err。

举例：

```
s := "go123home"
matched, err := regexp.MatchString("123", s)
fmt.Println(matched, err)
```

上述代码的输出结果：

```
true <nil>                                    //由输出结果可知,匹配成功
```

举例：

```
func main() {
    s := "go123home"
    matched, err := regexp.MatchString("456", s)
    if err == nil && matched {                //利用短路求值特性
        fmt.Println("找到匹配!")
    } else {
        fmt.Println("不匹配!")
    }
}
```

上述代码的输出结果：不匹配！

模式字符串一般由普通字符、特殊字符和数量词组成。特殊字符又称为元字符。在模式字符串`car\w+`中,car 为普通字符,\w 为特殊字符,＋为数量词。

11.2　元字符

元字符具有特殊含义,它能极大地增强 regexp 引擎的搜索能力。表 11-1 中列出了 regexp 包支持的元字符。

表 11-1　regexp 包支持的元字符

字　　符	含　　义
.	匹配除换行符以外的任意单个字符
[]	指定一个方括号字符集
^	(1) 匹配行首,在多行模式中匹配每一行的行首; (2) 形成方括号字符集的补集,如[^ab]表示不匹配字母 a 和 b
$	匹配行尾,在多行模式中匹配每一行的行尾
\	(1) 转义元字符,使元字符失去其特殊含义; (2) 引入特殊的字符,如\w、\d
*	匹配 * 之前的字符或子模式 0 次或多次重复出现
＋	类似于 * ,匹配一次或多次重复出现
?	(1) 类似于 * 和＋,匹配 0 次或一次重复出现; (2) 指定 * 、＋和? 的非贪婪版本; (3) 创建分组、设置匹配标志
{}	匹配明确指定的重复次数,如{2,3}表示重复 2 次或 3 次

字　　符	含　　义
|	指定替换项
( )	与"?"和"："等结合使用创建分组、设置匹配标志
<>	创建命名分组

对于没有出现在表 11-1 中的其他字符，regex 引擎都将其看作普通字符。

11.2.1　点与方括号字符集

foo[td]可以匹配 foot、food。方括号字符集还支持使用连字符"-"，[a-z]匹配任意一个小写英文字母，从 a 到 z；而[A-Z]匹配任意一个大写英文字母，从 A 到 Z；[0-9]匹配任意一个阿拉伯数字，从 0 到 9。

```
matched, _ := regexp.MatchString("foo[td]", "football")
fmt.Println(matched)                                    //输出 true
```

如果^是方括号字符集的第一个字符，则形成方括号字符集的补集。[^0-9]表示不匹配 0 到 9 十个阿拉伯数字。如果^不是方括号字符集的第一个字符，则将其看作普通字符。下列模式仅匹配字符^本身：

```
matched, _ := regexp.MatchString("[#^]", "hat^god")
fmt.Println(matched)                                    //输出 true
```

regex 从左往右扫描字符串"hat^god"，只要搜索到方括号字符集中列出的字符，搜索立即结束。如果想匹配连字符"-"本身，则将它作为方括号字符集的第一个字符或最后一个字符，或使用反斜杠"\"对其进行转义：

```
matched, _ := regexp.MatchString("[-xy]", "12-34")      //作为第一个字符
fmt.Println(matched)                                    //输出 true
matched, _ := regexp.MatchString("[xy-]", "12-34")      //作为最后一个字符
fmt.Println(matched)                                    //输出 true
matched, _ := regexp.MatchString(`[x\-y]`, "12-34")     //用反斜杠转义,注意反引号
fmt.Println(matched)                                    //输出 true
```

如果想匹配字符"["，则将它作为方括号字符集的最后一个字符或使用反斜杠"\"对其进行转义：

```
matched, _ := regexp.MatchString("[xy[]", "god[1]")     //作为最后一个字符
fmt.Println(matched)                                    //输出 true
matched, _ := regexp.MatchString(`[x\[y]`, "god[1]")    //使用反斜杠转义
fmt.Println(matched)                                    //输出 true
```

类似地，如果想匹配字符"]"，则将它作为方括号字符集的第一个字符或使用反斜杠"\"对其进行转义：

```
matched, _ := regexp.MatchString("[]xy]", "god[1]")     //作为第一个字符
fmt.Println(matched)                                    //输出 true
```

```
matched, _ := regexp.MatchString(`[x\]y]`, "god[1]")        //使用反斜杠转义
fmt.Println(matched)                                        //输出 true
```

其他元字符在方括号字符集中都将失去其原来的特殊含义。

```
matched, _ := regexp.MatchString("[*]", "12*34")     //*不再是数量词,只是普通字符
fmt.Println(matched)                                 //输出 true
```

点“.”匹配除换行符以外的任意单个字符。

```
var matched bool
matched, _ = regexp.MatchString("big.bar", "bigxbar")        //点"."匹配字符 x
fmt.Println(matched)                                         //输出 true
matched, _ = regexp.MatchString("big.bar", "bigbar")         //点"."不能匹配空
fmt.Println(matched)                                         //输出 false
matched, _ = regexp.MatchString("big.bar", "big\nbar")       //点"."不能匹配换行符\n
fmt.Println(matched)                                         //输出 false
```

可以使用匹配标志(?s),强制元字符“.”匹配换行符。

```
matched, _ = regexp.MatchString("(?s)big.bar", "big\nbar")
fmt.Println(matched)                                         //输出 true
```

11.2.2　特殊字符

1. \w 和 \W

\w 匹配任意单个字母、数字和下画线,等价于[a-zA-Z0-9_],一共包含 63 个字符,w 是 word(单词)的首字母。

举例:

```
func main() {
    re := regexp.MustCompile(`\w`)              //创建模式对象 re,注意用反引号
    result := re.FindString(").x$")             //\w 与).x$中的 x 相匹配
    fmt.Printf("%q\n", result)                  //输出"x"
}
```

格式控制字符%q,输出一个字符,并且添加引号(Quote)。\W 与\w 的功能正好相反, 它等价于[^a-zA-Z0-9_]。

```
re := regexp.MustCompile(`\W`)                      //创建模式对象 re,注意用反引号
result := re.FindString("a1_#b")                    //\W 与#匹配
fmt.Printf("%q\n", result)                          //输出"#"
```

2. \d 和 \D

\d 匹配任意单个十进制数字,它等价于[0-9],d 是 digit(数字)的首字母。

```
re := regexp.MustCompile(`\d`)
result := re.FindString("a2b")
fmt.Printf("%q\n", result)                          //输出"2"
```

\D 与\d 的功能正好相反,它等价于[^0-9]。

```go
re := regexp.MustCompile(`\D`)
result := re.FindString("a2b")
fmt.Printf("%q\n", result)                              //输出"a"
```

3.\s 和\S

\s 匹配任意单个空白字符。Go 语言支持 5 个空白字符,即\s 等价于[\f\n\r\t],s 是 space(空格)的首字母。注意:\s 不匹配垂直跳格符\v,这与 Python 语言等不同。

\S 与\s 的功能正好相反,它等价于[^ \f\n\r\t]。

```go
matched, _ := regexp.MatchString(`\s`, "good luck")    //\s 匹配空格
fmt.Println(matched)                                   //输出 true
matched, _ := regexp.MatchString(`\s`, "good\nluck")   //\s 匹配换行符\n
fmt.Println(matched)                                   //输出 true
re := regexp.MustCompile(`\S`)
result := re.FindString("\n god \n")                   //\S 匹配字符 g
fmt.Printf("%q\n", result)                             //输出"g"
```

\w、\W、\d、\D、\s 和\S 也可以在方括号字符集中使用。

```go
re := regexp.MustCompile(`[\s\d\w]`)
result := re.FindString("=1=")                         //\d 与 1 匹配
fmt.Printf("%q\n", result)                             //输出"1"
```

11.2.3　转义字符

转义字符"\"除了可以引入特殊字符,如模式\w,还可以转义元字符,使元字符失去其特殊含义。下面的"."是元字符,匹配除换行符以外的任意单个字符:

```go
re := regexp.MustCompile(`.`)
result := re.FindString("big.bar")                     //匹配字符 b
fmt.Printf("%q\n", result)                             //输出"b"
re := regexp.MustCompile(`\.`)                          //转义"."使其只能匹配自身
result := re.FindString("big.bar")                     //匹配字符"."
fmt.Printf("%q\n", result)                             //输出"."
```

假如想转义反斜杠自身该怎么办呢?使用两个反斜杠"\\"可以得到一个反斜杠吗?第一个反斜杠用来改变第二个反斜杠原来的特殊含义,这样可以吗?答案是否定的。想传递两个反斜杠"\\"给 regex 引擎,需要使用 4 个反斜杠"\\\\"。这是因为 Go 编译器读取这 4 个反斜杠后,首先将其分为两组,前两个反斜杠一组、后两个反斜杠一组。每一组中的第一个反斜杠将第二个反斜杠转换为普通字符,最终 Go 编译器实际传递给 regex 引擎的是两个反斜杠,而这正是我们所期望的。正则表达式、Go 编译器和 regex 解析器三者之间的关系,如图 11-1 所示。

图 11-1　正则表达式、Go 编译器和 regex 解析器三者之间的关系

为了转义一个反斜杠,需要使用 4 个反斜杠,这种用法显然太麻烦了,因此建议使用反引号。\\的意思是让 Go 编译器原封不动地将字符串"\\"传递给 regex 解析器:

```
matched, _ := regexp.MatchString(`\\`, `bee\bed`)    //此处使用反引号和 2 个反斜杠
fmt.Println(matched)                                  //输出 true
```

上述代码等价于：

```
matched, _ := regexp.MatchString("\\\\", `bee\bed`)  //此处使用双引号和 4 个反斜杠
fmt.Println(matched)                                  //输出 true
```

11.2.4　边界匹配

1. 匹配行首(^)

默认情况下，多行(Multi-line)标记是关闭的，即相当于指令(?-m)，此时^只匹配整个文本的行首，否则^匹配每一行的行首。打开多行标记，使用指令(?m)。

```
s := "first.\nsecond.\nthird."                        //这段文本由 3 行文字组成
matched, _ := regexp.MatchString(`(?-m)^second`, s)
fmt.Println(matched)                                  //不匹配,输出 false
matched, _ := regexp.MatchString("^bee", "beebut")
fmt.Println(matched)                                  //beebut 以 bee 开头,输出 true
matched, _ := regexp.MatchString("^but", "beebut")
fmt.Println(matched)                                  //beebut 不以 but 开头,输出 false
```

2. 匹配行尾($)

默认情况下，多行标记是关闭的，即相当于指令(?-m)，此时 $ 只匹配整个文本的行尾，否则 $ 匹配每一行的行尾。打开多行标记，使用指令(?m)。

```
s := "first.\nsecond.\nthird."                        //这段文本由 3 行文字组成
matched, _ := regexp.MatchString(`(?m)second.$`, s)   //打开多行标记,否则不匹配
fmt.Println(matched)                                  //匹配成功,输出 true
matched, _ := regexp.MatchString("but$", "bookbut")
fmt.Println(matched)                                  //匹配成功,输出 true
matched, _ := regexp.MatchString("book$", "bookbut")
fmt.Println(matched)                                  //bookbut 不以 book 结尾,输出 false
```

3. \b 和 \B

\b 匹配一个单词的开头或结尾,b 是 boundary(边界)的首字母。

```
matched, _ := regexp.MatchString(`\bbat`, "good bat")
fmt.Println(matched)                                  //匹配成功,输出 true
matched, _ := regexp.MatchString(`\bbat`, "good-bat")
fmt.Println(matched)                                  //匹配成功,输出 true
matched, _ := regexp.MatchString(`\bbat`, "goodbat")
fmt.Println(matched)                                  //不匹配,输出 false
matched, _ := regexp.MatchString(`\bluck\b`, "good luck")
fmt.Println(matched)                                  //匹配单词 luck
```

\B 与 \b 的功能正好相反,它等价于[^\b]。

```
pat := regexp.MustCompile(`\Bbat\B`)
result := pat.FindString("goodbatbird")
fmt.Println(result)                                   //输出 bat
```

```
matched, _ := regexp.MatchString(`\Bbat\B`, "bat")
fmt.Println(matched)                            //不匹配,输出 false
```

4. \A 和 \z

\A 忽略多行标记,匹配整个文本的开头,A 是 all 的首字母。

```
s := "first.\nsecond.\nthird."                  //这段文本由 3 行文字组成
matched, _ := regexp.MatchString(`(?m)\Asecond`, s) //读者删除\A 试一试
fmt.Println(matched)                            //不匹配,输出 false
```

在上述代码中,\A 抵消了多行标记(?m)的作用。

\z 忽略多行标记,匹配整个文本的末尾。

```
s := "first.\nsecond.\nthird."                  //这段文本由 3 行文字组成
matched, _ := regexp.MatchString(`second.\z`, s) //读者删除\z 试一试
fmt.Println(matched)                            //匹配成功,输出 false
```

11.2.5 数量词

1. 数量词"＊"匹配零次或多次重复

```
re := regexp.MustCompile(`bat-*`)
result := re.FindString("bat")                  //匹配 0 个"-"
fmt.Println(result)                             //输出 bat
result := re.FindString("bat-")                 //匹配 1 个"-"
fmt.Println(result)                             //输出 bat-
result := re.FindString("bat--")                //匹配 2 个"-"
fmt.Println(result)                             //输出 bat--
re := regexp.MustCompile(`b.*k`)
result := re.FindString("#b$luck")
fmt.Println(result)                             //输出 b$luck
```

上述"."匹配除换行符以外的任意单个字符,因此模式".＊"匹配 $luc 共计 4 个字符。

2. 数量词"＋"匹配一次或多次重复

```
matched, _ := regexp.MatchString("bat-+bird", "batbird")
fmt.Println(matched)                            //不匹配,输出 false
```

在上述代码中,字符串 batbird 中没有-,因此模式"bat-＋bird"与之不匹配。

```
matched, _ := regexp.MatchString("bat-+bird", "bat-bird")
fmt.Println(matched)                            //匹配,输出 true
```

3.数量词"？"匹配零次或一次重复

```
re := regexp.MustCompile(`bat-?bird`)
result := re.FindString("bat-bird")
fmt.Println(result)                             //匹配,"-"出现 1 次,输出 bat-bird
re := regexp.MustCompile(`bat-?bird`)
result := re.FindString("batbird")
fmt.Println(result)                             //匹配,"-"出现 0 次,输出 batbird
matched, _ := regexp.MatchString("bat-?bird", "bat--bird")
```

```
fmt.Println(matched)                                    //不匹配,输出 false
```

上述代码中,字符“-”在 bat--bird 中出现了 2 次,因此模式“bat-?bird”与之不匹配。

上述 3 个数量词 * 、+ 和? 单独使用时都是贪婪的(Greedy),也就是匹配尽可能多的字符。

```
re := regexp.MustCompile(`<.*>`)
result := re.FindString("<bat><bird>")
fmt.Println(result)                                     //贪婪式
```

上述代码的输出结果:

```
< bat> < bird>                                          //不是< bat>
```

在这 3 个数量词 * 、+ 和? 的后面添加一个“?”,变成非贪婪式 * ?、+? 和??。

```
re := regexp.MustCompile(`<.*?>`)
result := re.FindString("<bat><bird>")
fmt.Println(result)                                     //非贪婪式,输出<bat>
re := regexp.MustCompile(`ha?`)
result := re.FindString("haaa")
fmt.Println(result)                                     //贪婪式,输出 ha,而不是 h
re := regexp.MustCompile(`ha??`)
result := re.FindString("haaa")
fmt.Println(result)                                     //非贪婪式,输出 h
```

4. 数量词“{m}”匹配 m 次重复

```
matched, _ := regexp.MatchString("a-{2}a", "a-a")
fmt.Println(matched)                                    //不匹配,输出 false
re := regexp.MustCompile(`a-{2}a`)
result := re.FindString("a--a")
fmt.Println(result)                                     //匹配,输出 a--a
```

5. 数量词“{m，n}”匹配至少 m 次,至多 n 次重复

```
matched, _ := regexp.MatchString("a-{1,3}a", "a---a")
fmt.Println(matched)                                    //匹配,输出 true
```

省略 n 时,{m, }匹配至少 m 次重复。

```
re := regexp.MustCompile("bat-{3,}")
result := re.FindString("bat----")
fmt.Println(result)                                     //匹配,输出 bat----
```

数量词{m，n}对应的非贪婪式为“{m，n}?”,此处不再举例。

11.2.6　子模式

使用小括号()定义分组或子模式。使用(re)定义一个编号捕获组(Numbered Capturing Group);(?：re)定义一个非捕获组(Non-capturing Group),此处 re 代表模式字符串。

```
text := "one two three"
```

```
//分组(one)、(.*)和(three)的编号分别为 1、2、3
re := regexp.MustCompile(`(one)\s+(.*)\s+(three)`)
//使用符号$引用分组,如$1表示第1个分组,即 one
result := re.ReplaceAllString(text, "$2 $3 $1")
fmt.Println(result)                          //输出结果 two three one
```

除了使用编号引用分组,如 $1,也可以使用命名分组。(?P<name>re)定义一个名为 name 的捕获组,其中 P 是 Propose(提名)的首字母。

举例:

```
func main() {
    //搜索子模式:a 与 b 之间有零个或任意多个 x
    re := regexp.MustCompile(`a(?P<x>x*)b`)
    fmt.Println(re.ReplaceAllString("-ab-axxb-", "T"))       //匹配部分用 T 代替
    fmt.Println(re.ReplaceAllString("-ab-axxb-", "$1"))      //通过编号引用分组
    fmt.Println(re.ReplaceAllString("-ab-axxb-", "${x}M"))   //通过名称引用分组
}
```

上述代码的输出结果:

```
-T-T-
--xx-
-M-xxM-
```

举例:

```
re := regexp.MustCompile("(bat)")             //定义一个分组(bat)
result := re.FindString("good bat bird")
fmt.Println(result)                           //输出 bat
```

注意:小括号"()"定义的分组被作为一个整体看待。

```
re := regexp.MustCompile("(bat)+")
result := re.FindString("batbat bird")
fmt.Println(result)                           //输出 batbat
```

上述代码将模式 bat 看作一个整体,从而能够匹配字符串 batbat bird 中的 batbat。

```
re := regexp.MustCompile("bat+")              //没有定义分组,只能匹配 bat
result := re.FindString("batbat bird")
fmt.Println(result)                           //输出 bat
```

分组(bat)+能匹配 bat、batbat 等;而模式 bat+只能匹配 bat、batt、battt 等。注意,在 Go 语言中没有反向引用(Back-reference)的概念,这点与 Python 语言等不同。

管道(|):指定一组匹配备选项。

```
re := regexp.MustCompile("a|b|c")
result := re.FindAllString("abc", -1)         //-1表示找出所有的匹配项
fmt.Println(result)                           //输出[a b c]
re := regexp.MustCompile("(one|two|three)+")
result := re.FindAllString("onetwo", -1)
fmt.Println(result)                           //输出[onetwo]
```

11.3　匹配标志

regexp 包支持的匹配标志 flags，简要总结在表 11-2 中。匹配标志 flags 的设置方式有两种：第一种为当前分组设置匹配标志(?flags)；第二种为整个模式 re 设置匹配标志(?flags:re)。

表 11-2　匹配标志

flags	英　　文	功　　　能
i	case-insensitive	匹配时不区分大小写，即大小写不敏感
m	multi-line	使"^"和"$"匹配多行
s	dot-all	使点"."匹配换行符
U	un-greedy	非贪婪模式

1.i

标志(?i)使得匹配时不区分字母的大小写。默认情况下，匹配标志 i 是关闭的(?-i)，即大小写是敏感的。

```
re := regexp.MustCompile("a+")
result := re.FindAllString("Aa", -1)          //只匹配 a
fmt.Println(result)                            //输出[a]
re := regexp.MustCompile("(?i)a+")             //打开匹配标志 i
result := re.FindAllString("Aa", -1)           //匹配 Aa
fmt.Println(result)                            //输出[Aa]
s := "ab aB Ab AB"
re := regexp.MustCompile(`a(?i:b)`)            //以 a 开头后接 b 或 B
result := re.FindAllString(s, -1)              //匹配标志 i 只影响分组 b
fmt.Println(result)                            //输出[ab aB]
```

2. m

多行(Multi-line)匹配标志 m 影响行首^和行尾 $ 的匹配行为。默认情况下，多行匹配标志 m 是关闭的(?-m)。打开多行匹配模式使用指令(?m)。多行匹配模式打开时，^匹配每一行的行首；否则^只能匹配整个文本的行首。类似地，多行匹配模式打开时，$ 匹配每一行的行尾；否则 $ 只能匹配整个文本的行尾。

```
re := regexp.MustCompile("^two")
result := re.FindAllString("one\ntwo\nthree", -1)
fmt.Println(result)                            //不匹配,输出[]
re := regexp.MustCompile("(?m)^two")           //打开多行匹配模式
result := re.FindAllString("one\ntwo\nthree", -1)
fmt.Println(result)                            //匹配成功,输出[two]
```

3. s

匹配标志(?s)使得元字符"."能够匹配换行符\n。默认情况下，标志 s 是关闭的，即(?-s)。

```
matched, _ = regexp.MatchString("(?s)big.bar", "big\nbar")     //打开匹配标志 s
fmt.Println(matched)                                           //匹配成功,输出 true
```

4. U

关闭非贪婪模式(?-U),即打开贪婪模式(默认值),模式将匹配尽可能多的字符。U 是 un-greedy(非贪婪)的首字母。

```
re := regexp.MustCompile("ha+")                //默认情况下,贪婪模式是打开的
result := re.FindAllString("haaa", -1)
fmt.Println(result)                            //输出 [haaa]
re := regexp.MustCompile("(?U)ha+")            //打开非贪婪模式,等价于 ha+?
result := re.FindAllString("haaa", -1)
fmt.Println(result)                            //输出 [ha]
```

另外,可将多个匹配标志组合起来使用,如(?i-s)表示打开 i、关闭 s,即大小写不敏感、"."不能匹配换行符\n。

11.4　regexp 的常用方法

前几节以 regexp 包提供的 MatchString()、MustCompile()等函数为例,讲述了正则表达式的相关内容,本节介绍 regexp 包的其他常用函数。

1. Split()分割函数

```
import (
    "fmt"
    "log"
    "regexp"
    "strconv"
)
func main() {
    var data = `1, 2, 3, 4, 5`
    sum := 0
    re := regexp.MustCompile(",\\s * ")
    vals := re.Split(data, -1)                 //-1表示找出所有的匹配项
    for _, val := range vals {
        n, err := strconv.Atoi(val)            //将字符串转换为整数,如"1" => 1
        sum += n
        if err != nil {
            log.Fatal(err)
        }
    }
    fmt.Println(sum)
}
```

上述代码的输出结果:

15

2. ReplaceAllString( )函数

```
import (
    "fmt"
    "regexp"
    "strings"
)
func main() {
    content := " <body>this is the body </body>"
    re := regexp.MustCompile("<[^>]*>")          //删除网页标签,如<body>,</body>
    replaced := re.ReplaceAllString(content, "")
    fmt.Println(strings.TrimSpace(replaced))      //删除字符串的首尾空格
}
```

上述代码的输出结果：

```
this is the body
```

3. FindStringSubmatch( )函数

```
import (
    "fmt"
    "regexp"
)
func main() {
    s := "baidu.com"
    re := regexp.MustCompile(`(\w+)\.(\w+)`)
    parts := re.FindStringSubmatch(s)
    fmt.Println(parts)
}
```

上述代码的输出结果：

```
[baidu.com baidu com]
```

4. ReplaceAllStringFunc( )函数

ReplaceAllString( )函数的第二个参数是字符串,而 ReplaceAllStringFunc( )函数的第二个参数是一个函数的返回值。这两个函数的功能是类似的。

举例：

```
import (
    "fmt"
    "regexp"
    "strings"
)
func main() {
    s := "an old man"                        //将非元音字母变成大写
    re := regexp.MustCompile(`[^aeiou]`)      //非元音字母
    result := re.ReplaceAllStringFunc(s, strings.ToUpper)
    fmt.Println(result)
}
```

上述代码的输出结果：

```
aN oLD MaN
```

11.5　小结

为解决较复杂的字符串处理任务,Go 语言提供了正则表达式包 regexp,具体内容包括正则表达式的定义、元字符、匹配标志和 regexp 包的常用函数,如 MustCompile( )、MatchString( )、FindString( )、ReplaceAllString( )、FindAllString( )等。

练习题

1. 与字符串相关的 Go 语言内置包是_____。

2. 给出正则表达式的定义。

3. 写出加载正则表达式包的代码。

4. 模式字符串一般由普通字符、_____和数量词组成。

5. 至少写出 3 个 regexp 包支持的元字符。

6. \w 等价于_____,其中共计包含_____个字符。

7. \d 等价于_____,其中共计包含_____个阿拉伯数字。

8. \s 等价于_____,其中共计包含_____个空白字符。

9. 匹配标志_____可以打开多行标记。

10. 默认情况下,$ 匹配整个文本的末尾还是每一行的行尾_____。

11. 标记符_____能忽略多行标记,使模式匹配整个文本的末尾。

12. 默认情况下,数量词的匹配是贪婪的,还是非贪婪的? _____。

13. 定义分组或子模式使用_____。

14. 除了使用编号引用分组,还可以使用_____分组。

15. 为模式 re 定义一个名称为 name 的分组_____。

16. 写出下列代码的输出结果_____。

```
re := regexp.MustCompile(`a(?P<x>x+)b`)
fmt.Println(re.ReplaceAllString("-axb-axxb-", "${x}"))
```

17. 提取字符串"yogurt at 24"中的英文单词并输出。

18. 提取下列字符串变量 txt 中的手机号码并输出。

```
txt := `王同学:18698064670
        张同学:022-60600219
        李同学:15022523916`
```

19. 输出字符串"a red red flag"中连续出现两次的单词。

20. 输出字符串"您好! 中国 2023"中所有的汉字。

21. 请删除字符串"\taa　b cde ff　　"中多余的空格,多个连续的空格只保留一个,字符串左右两边的所有空白字符也要删除。

22. 写出下列代码的输出结果_____。

```
import (
    "fmt"
    "regexp"
)
func main() {
    s := "a123bb45c"
    re := regexp.MustCompile(`\d+`)
    fmt.Println(re.ReplaceAllString(s, "1"))
}
```

23. 写出下列代码的输出结果_____。

```
import (
    "fmt"
    "regexp"
)
func main() {
    s := `one.two…three`
    re := regexp.MustCompile(`\.+`)
    fmt.Println(re.Split(s, -1))
}
```

24. 编写代码，提取下列文本中 3 个城市的区号。

北京 010
上海 021
天津 022

第 **12** 章
文件和文件夹

文件是计算机系统中存储信息的容器。文件的类型有很多种,如文本文件、二进制文件。文本文件是由可见字符组成的,如扩展名为 txt、docx 的文件。二进制文件是相对于文本文件而言的,即只要文件中含有除可见字符之外的其他字符(主要是控制字符),就是二进制文件,如可执行文件、音频文件、视频文件等。在计算机系统中,文件可以存储在光盘、硬盘或其他类型的存储设备上。文件夹是计算机系统中文件的存储位置。本章学习使用 Go 程序处理与文件和文件夹有关的问题。

12.1 文件的打开模式

在 Go 语言中,操作文件和文件夹常用的包有 3 个,分别是 os、io 和 path/filepath。文件操作按以下步骤进行。

(1) 打开文件并返回一个文件对象或句柄(Handler);

(2) 使用该句柄执行读写操作;

(3) 关闭该句柄。

Go 语言不区分文本文件与二进制文件,它将文件处理的决定权交给程序员。

Go 语言的文件打开模式有多种,如表 12-1 所示。也可以使用位运算符"|"将各种打开模式组合在一起使用。

表 12-1 文件的打开模式

模 式	全 称	功 能 描 述
os.O_RDONLY	Read Only	只读模式(默认)
os.O_WRONLY	Write Only	只写模式
os.O_RDWR	Read and Write	读写模式
os.O_APPEND	Append	追加模式,在文件末尾添加,而不清空文件
os.O_CREATE	Create	如果文件不存在,则创建新文件;否则清空文件
os.O_EXCL	Exclusive	与 O_CREATE 一起使用时,文件必须不存在,并且排斥使用
os.O_SYNC	Synchronous	打开文件并同步 I/O
os.O_TRUNC	Truncate	打开并删除文件的所有内容

每个文件都拥有 3 种类型的访问权限：r 读取（Read）、w 写入（Write）和 x 执行（Executable）。计算机系统基于 UGO 模型设置文件的访问权限：

U 代表 User，文件或文件夹拥有者的访问权限；

G 代表 Group，文件或文件夹所属组的访问权限；

O 代表 Others，其他用户对文件或文件夹的访问权限。

假如一个文件的访问权限为 0110110000；最左边第 1 个 0 表示这是一个文件；User 和 Group 的访问权限都是 110[①]；其他用户的访问权限是 000。为了程序员阅读方便，文件的访问权限通常使用十进制数表示，此处为 0660。

举例：

```
import (
    "fmt"
    "os"
)
func main() {
    fh, err := os.OpenFile("hui.txt", os.O_CREATE, 0660)
    if err != nil {
        fmt.Println(err)
        return
    }
    defer fh.Close()
    s := fmt.Sprintln("成功创建新文件!")
    fh.WriteString(s)                        //将字符串 s 写入新文件 hui.txt
}
```

执行上述代码，程序文件所在的文件夹下生成了一个新文件 hui.txt，其内容为"成功创建新文件!"。新建文件 hui.txt 的访问权限是 0660，即文件的拥有者和文件所属组既可读又可写，但是不能执行文件；其他用户没有任何权限。

也可以使用 os.Create() 函数创建一个新文件。如果目标文件已存在，则删除其内容。

举例：

```
func main() {
    if len(os.Args) != 2 {
        fmt.Println("Please provide a filename!")
        return
    }
    fileName := os.Args[1]                    //os.Args[0]是程序文件名
    _, err := os.Stat(fileName)
    if os.IsNotExist(err) {
        file, err := os.Create(fileName)
        if err != nil {
            fmt.Println(err)
            return
        }
        defer file.Close()
```

---

① 110 表示可读、可写，但不能执行。

```
    } else {                                    //文件已存在,直接返回
        fmt.Println("File already exists!", fileName)
        return
    }
    fmt.Println("File created successfully!", fileName)
}
```

IsNotExist(err)函数的实参 err 是 os.Stat()函数返回的错误变量。如果文件或文件夹不存在,则 IsNotExist()函数返回 true。上述代码的一次运行结果,如图 12-1 所示。

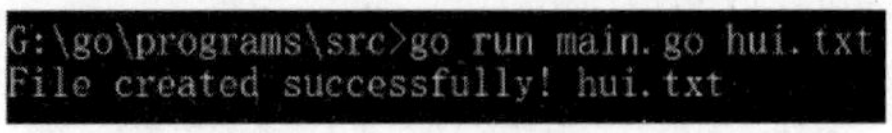

```
G:\go\programs\src>go run main.go hui.txt
File created successfully! hui.txt
```

图 12-1　创建新文件

12.2　Stat()函数

os.Stat()函数可以检测给定的文件路径是否存在。如果 os.Stat()函数的第二个返回值为 nil,则说明文件路径存在;否则说明文件路径不存在。

举例:

```
import (
    "fmt"
    "os"
)
func main() {
    path := "G:\\go\\programs\\src"              //stat = statistics 统计
    _, err := os.Stat(path)                      //函数 os.Stat()的第二个返回值 err
    if err != nil {
        fmt.Println("Path does not exist!", err)
    } else {
        fmt.Println("Path exists!")
    }
}
```

上述代码的输出结果:

```
Path exists!
```

使用 IsRegular()函数检测给定的文件路径是否为常规文件。
举例:

```
import (
    "fmt"
    "os"
)
func main() {
    path := "G:\\go\\programs\\src\\main.go"
    file, err := os.Stat(path)
    if err != nil {
```

```
        fmt.Println("Path does not exist!", err)
        return
    }
    mode := file.Mode()
    if mode.IsRegular() {
        fmt.Println(path, "is a regular file!")
    }
}
```

上述代码的输出结果：

```
G:\go\programs\src\main.go is a regular file!
```

12.3　读文件

在 Go 语言中读取文件的方法有很多种，如 io.ReadFull()、os.ReadFile()。os.ReadFile()函数的语法格式如下：

```
func ReadFile(name string) ([]byte, error)
```

举例：

```
import (
    "fmt"
    "os"
)
func main() {
    content, err := os.ReadFile("hui.txt")       //读取文本文件 hui.txt
    if err != nil {
        panic(err)                               //使用内置函数 panic()抛出异常
    }
    fmt.Println(string(content))
}
```

不建议使用 os.ReadFile()函数读取大文件，因为这样会消耗大量的内存资源。

举例：

```
import (
    "fmt"
    "io"
    "os"
)
func main() {
    fileName := "hui.txt"                        //文件 hui.txt 只包含字符串 hello
    fh, err := os.Open(fileName)
    if err != nil {
        fmt.Printf("Error opening %s: %s", fileName, err)
        return
    }
    defer fh.Close()                             //延迟处理语句 defer
```

```
    buf := make([]byte, 8)                     //创建长度为 8 的字节切片 buf
    n, _ := io.ReadFull(fh, buf)               //读取的文件字节数 n
    io.WriteString(os.Stdout, string(buf))
                                               //系统标准输出 Stdout = Standard Output
    fmt.Println("\n 读取的文件字节数 =", n)
}
```

上述代码的输出结果：

```
unexpected EOF
hello
读取的文件字节数 = 5
```

在上述代码中，io.WriteString()函数将数据发送到系统的标准输出 Stdout。

Go 语言使用 ReadString()函数逐行读取文本文件，一次读取一行。假如文本文件 hui.txt 的内容由 3 行字符串组成，它们分别是 one、two 和 three。

举例：

```
import (
    "bufio"                                    //带缓冲的 IO
    "fmt"
    "io"
    "os"
)
func readByLine(file string) error {           //自定义函数
    var err error
    fh, err := os.Open(file)
    if err != nil {
        return err
    }
    defer fh.Close()                           //延迟处理语句 defer
    reader := bufio.NewReader(fh)
    for {
        line, err := reader.ReadString('\n')   //注意:参数为字符\n,而不是字符串
        if err == io.EOF {
            fmt.Println(line)
            err = nil
            break
        } else if err != nil {
            fmt.Printf("Error reading file %s", err)
            break
        }
        fmt.Print(line)
    }
    return err
}
func main() {
    fileName := "hui.txt"
    err := readByLine(fileName)
    if err != nil {
        fmt.Println(err)
```

```
    }
}
```

上述代码的输出结果：

```
one
two
three
```

在上述代码中，使用 bufio.NewReader() 函数创建一个读取器。bufio.ReadString('\n') 函数连续读取文件，直至遇到换行符\n。在 for 循环中不断调用 bufio.ReadString() 函数，从而达到逐行读取文件的目的。

12.4　写文件

使用 fmt.Fprintf() 函数将数据写入文件。fmt.Fprintf() 函数的基本语法如下：

```
Fprintf(w io.Writer, format string, a …any) (n int, err error)
```

其中，format 是字符串格式控制符，any 等价于空接口，即 interface{}。
举例：

```
func main(){
    if len(os.Args) != 2{
        fmt.Println("Please provide a filename!")
        return
    }
    fileName := os.Args[1]
    file, err := os.Create(fileName)             //创建文件
    if err != nil{
        fmt.Println("os.Create:", err)
        return
    }
    defer file.Close()
    fmt.Fprintf(file, "[%s]: ", fileName)
    fmt.Fprintf(file, "Using fmt.Fprintf in %s\n", fileName)
}
```

在命令提示符下执行命令：go run main.go hui.txt。文本文件 hui.txt 的内容如图 12-2 所示。

[hui.txt]: Using fmt.Fprintf in hui.txt

图 12-2　文本文件 hui.txt 的内容

使用 os.OpenFile() 函数将数据追加到一个文件的末尾。追加的意思是不删除文件的现有内容，只是将新数据添加到它的尾部。
举例：

```
import (
    "fmt"
```

```
        "os"
        "path/filepath"
)
func main() {
    args := os.Args
    if len(args) != 3 {
        fmt.Printf("Usage: %s 内容 文件名\n", filepath.Base(args[0]))
        return
    }
    content := args[1]
    fileName := args[2]
    file, err := os.OpenFile(fileName, os.O_RDWR|os.O_APPEND|os.O_CREATE, 0660)
    if err != nil {
        fmt.Println(err)
        return
    }
    defer file.Close()
    fmt.Fprintf(file, "%s\n", content)
}
```

在 Windows 命令提示符下,上述代码的一次执行结果如图 12-3 所示。其中 hello 是要追加到文本文件 hui.txt 的内容。

G:\go\programs\src>go run main.go hello hui.txt

图 12-3　代码的一次执行过程

12.5　有关文件的其他操作

Seek()函数的功能是将文件指针移到新位置,其语法格式如下:

```
func (f * File) Seek(offset int64, whence int) (ret int64, err error)
```

offset 表示相对于 whence 的偏移量。whence 的取值为 0、1、2,分别代表文件头(默认)、当前位置和文件尾。

举例:

```
import (
    "fmt"
    "os"
)
func checkError(err error) {
    if err != nil {
        panic(err)                          //抛出异常
    }
}
func main() {
    file, err1 := os.Open("fun.txt")
    checkError(err1)
    _, err2 := file.Seek(10, 0)             //0 代表文件头
```

```
        checkError(err2)
}
```

在上述代码中将文件指针移动到距离文件头 10 个字符的位置。

使用 os.Remove() 函数删除文件 hui.txt，其核心代码如下：

```
import (
    "fmt"
    "log"
    "os"
)
func main() {
    err := os.Remove("hui.txt")
    if err != nil {
        log.Fatal(err)
    }
    fmt.Println("File Deleted!")
}
```

上述代码的输出结果：

```
File Deleted!
```

使用 Size() 函数获取一个文件 hui.txt 的大小，其核心代码如下：

```
func main() {
    file, err := os.Stat("hui.txt")
    if err != nil {
        log.Fatal(err)
    }
    size := file.Size()
    fmt.Printf("The file size is %d bytes.\n", size)
}
```

上述代码的输出结果：

```
The file size is 18 bytes.
```

12.6　文件夹

那么，怎样检测一个路径是否为文件夹呢？其核心代码如下所示。

```
file, err := os.Stat(path)
if err != nil {
    fmt.Println("Path does not exist!", err)
}
mode := file.Mode()
if mode.IsDir() {
    fmt.Println(path, "is a directory!")
}
```

使用 os.Mkdir() 函数创建具有指定访问权限的文件夹。

```
import (
    "log"
    "os"
)
func main() {
    err := os.Mkdir("tmp", 0755)                //文件夹的访问权限为 0755
    if err != nil {
        log.Fatal(err)
    }
}
```

使用 filepath.Glob() 函数,搜索与给定模式相匹配的文件名。

```
import (
    "fmt"
    "log"
    "path/filepath"
)
func main() {
    //搜索当前目录中 tmp 文件夹下所有以 txt 为扩展名的文件
    files, err := filepath.Glob(".\\tmp\\*.txt")
    if err != nil {
        log.Fatal(err)
    }
    for _, file := range files {
        fmt.Println(file)
    }
}
```

上述代码的输出结果:

```
tmp\first.txt
tmp\second.txt
```

与文件夹操作有关的函数还有很多,这里只是简单地介绍它们的功能,不再一一举例。

os.MkdirAll(path, 0755):创建多级目录 path,如 2023/5/6,文件夹的访问权限为 0755;

os.Getwd():获取当前的工作目录(Current Working Directory);

os.Rename(oldpath, newpath):重命名目录;

os.Remove("tmp"):删除目录 tmp;

os.RemoveAll("tmp"):删除目录 tmp 及其内容。

12.7　小结

文件是计算机系统中存储信息的容器;而文件夹是计算机系统中文件的存储位置。在 Go 语言中,操作文件需要执行如下 3 个步骤。

（1）打开文件并返回一个文件对象或句柄；

（2）使用该句柄执行读写操作；

（3）关闭该句柄。

打开文件时需要使用正确的打开模式，如只读模式 os.O_RDONLY。读取文件的常用方法有 os.ReadFile()、io.ReadFull()；写文件的常用方法有 fmt.Fprintf()；os.OpenFile() 函数可将数据追加到文件的末尾。Seek() 函数用于移动文件指针，os.Remove() 函数用于删除文件，Size() 函数用于获取文件的大小。

文件夹操作主要讲述了 os 模块。os.Mkdir() 函数用于创建文件夹，filepath.Glob() 函数用于搜索与给定模式相匹配的文件名。实际上，大多数程序员只喜欢使用其中的某个或某些模块。读者现在只需记住模块名，等真正需要用时再查阅相关文档。

练习题

1. 什么是文件？什么是文件夹？

2. 常见的文件类型有几种？它们分别是什么？

3. 写出操作文件和文件夹常用的包。

4. Go 语言进行文件操作的 3 个主要步骤是什么？

5. 文件的打开模式 os.O_RDWR 代表_____。

6. 使用函数_____可以移动文件指针的位置。

7. 使用_____函数创建文件夹；使用_____函数搜索与给定模式相匹配的文件名。

8. 编写代码，将文件 hui.txt 的指针移动到距离文件头 10 个字符（不包括）的位置。

9. 打开文本文件 fun.txt，从文件头开始读取 5 个字符。文本文件 fun.txt 的内容如下。

Greatest Chinese Dream.

10. 打开文本文件 sample.txt，将下列内容写入该文件。

hello world.\n 文本文件的第二行 \n 文本文件的最后一行

11. 打开文本文件 sample.txt，逐行读取该文件的内容，搜索并输出长度最长的行。

12. 一个文件的访问权限为 0744，写出文件的拥有者、文件的所属组，以及其他用户的访问权限。

13. 使用 os.OpenFile() 函数新建一个文本文件 fun.txt，将文字"保持战略定力，发扬斗争精神！"写入该文件。

14. 如果在 Windows 命令提示符输入命令 go run main.go file1 file2，则 len(os.Args) = _____。

15. 使用 os.ReadFile() 函数读取并输出文本文件 fun.txt 的内容。

16. 编写程序，创建访问权限为 0755 的文件夹 tmp。

17. 编写程序，创建多级目录 2023/5/6，设置其访问权限为 0755。

18. 编写程序，获取文本文件 hui.txt 的大小。

第 13 章
常用的内置包

本书使用的 Go 语言版本是 1.19.5,其包含的 46 个内置包所在路径为 GOROOT^①/src。为了方便查阅,此处将这些内置包罗列出来,如表 13-1 所示。

表 13-1 Go 语言的内置包

archive	bufio	builtin	bytes	cmd	compress	container	context
crypto	database	debug	embed	encoding	errors	expvar	flag
fmt	go	hash	html	image	index	internal	io
log	math	mime	net	os	path	plugin	reflect
regexp	runtime	sort	strconv	strings	sync	syscall	testdata
testing	text	time	unicode	unsafe	vendor		

13.1 fmt 与 net/http 包

fmt 代表 Format 格式。fmt 包在本书第 1 章已进行了详细讲述,此处对其进行简单回顾。fmt 包提供了读写格式化数据的 I/O 功能,它是程序开发人员的重要工具之一。
举例:

```
func main() {
    name := "hui"
    age := 30
    fmt.Println("Hello World!")
    fmt.Printf("My name is %s, and I am %d years old.\n", name, age)
    greeting := fmt.Sprintf("Welcome, %s!\n", name)
    fmt.Print(greeting)
}
```

上述代码的输出结果:

```
Hello World!
My name is hui, and I am 30 years old.
```

---

① 查看环境变量 GOROOT 的值,可以在 Windows 命令提示符下执行命令 go env。

Welcome, hui!

举例：

```
import "fmt"
func main() {
    const lazy = "I'm lazy today!"
    err := fmt.Errorf("Throwing error because of: %q", lazy)
    fmt.Println(err)
}
```

上述代码的输出结果：

```
Throwing error because of: "I'm lazy today!"
```

net/http 包是编写 Web 应用程序的基础，它提供了 HTTP[①] 客户端和服务器实现，以及用于处理 URL[②] 和 HTML[③] 的实用程序。它包含的一些主要功能如下所示：

- 创建和配置 HTTP 服务器；
- 发送 HTTP 请求；
- 使用 HTTP 头部、Cookie 和查询参数。

举例：

```
import (
    "fmt"
    "log"
    "net/http"
)
func main() {
    resp, err := http.Get("http://www.baidu.com")
    if err != nil {
        log.Fatal(err)
    }
    fmt.Println(resp.Status)
    fmt.Println(resp.StatusCode)
}
```

上述代码的输出结果如图 13-1 所示。

图 13-1　net/http 包的使用

---

① HTTP，Hypertext Transfer Protocol，超文本传输协议。
② URL，Uniform Resource Locator，统一资源定位符。
③ HTML，Hypertext Mark-up Language，超文本标记语言。

13.2　encoding/json 包

encoding/json 包提供了编码和解码 JSON[①] 数据的功能,这使其成为处理其他 JSON 数据源的重要工具。它包含的一些主要功能如下所示:

- Marshal[②]()函数将 Go 数据结构转换为 JSON;
- Unmarshal()函数将 JSON 转换为 Go 数据结构。

Marshal()函数的语法格式为 func Marshal(v interface{}) ([]byte,error)。相应地,Unmarshal()函数的语法格式为 func Unmarshal(data []byte,v interface{}) error。

举例:

```go
import (
    "encoding/json"
    "fmt"
)
type Book struct {
    Title   string               //字段名的首字母必须大写,
    Author string                //否则不能转换为 JSON 格式,
    Year    int                  //并导出到其他包
}
func main() {
    myBook := Book{"Golang", "whui", 2023}
    bytes, _ := json.Marshal(myBook)
    fmt.Println(string(bytes))
}
```

上述代码的输出结果:

```
{"Title":"Golang","Author":"whui","Year":2023}
```

举例:

```go
import (
    "encoding/json"
    "fmt"
)
type Student struct {
    Name string   `json:"name"`      //重命名,JSON 使用的字段名"name"
    Age  int      `json:"age"`       //重命名,JSON 使用的字段名"age"
}
func main() {
    jsonString := `{"name": "hui", "age": 30}`
    var student Student
    json.Unmarshal([]byte(jsonString), &student)
    fmt.Printf("Name: %s, Age: %d\n", student.Name, student.Age)
```

---

① JS 对象简谱,JSON = JavaScript Object Notation,它是一种轻量级的数据交换格式。
② Marshal,元帅;调度。

```
    student.Name = "Hui"
    student.Age = 28
    jsonData, _ := json.Marshal(student)
    fmt.Println(string(jsonData))
}
```

上述代码的输出结果：

```
Name: hui, Age: 30
{"name":"Hui","age":28}
```

13.3　io 与 os 包

io 代表 Input and OutPut（输入/输出）。io 包提供了在 Go 语言中执行 I/O 操作的基本接口和函数。从磁盘文件到网络连接，再到键盘上的用户输入，io 包为所有这些交互提供了基础。它主要包含：

- 读写器接口；
- 用于在读写器之间传输数据的复制函数（Copy Function）；
- 多个读写实用程序。

举例：

```
import (
    "fmt"
    "io"
    "os"
)
func main() {
    file, err := os.Open("hui.txt")
    if err != nil {
        fmt.Println("Error in opening file:", err)
        return
    }
    defer file.Close()
    buf := make([]byte, 1024)
    for {
        n, err := file.Read(buf)
        if err != nil && err != io.EOF {
            fmt.Println("Error in reading file:", err)
            return
        }
        if n == 0 {
            break
        }
        fmt.Print(string(buf[:n]))
    }
}
```

os 代表 Operating System（操作系统）。os 包为调用系统函数提供了一个独立于平台

的接口,如使用文件、环境变量和命令行参数。它主要包含:

- 文件 I/O 函数;
- 操作文件和目录;
- 访问环境变量和命令行参数。

下面是一个使用 os 包读取命令行参数的示例:

```go
import (
    "fmt"
    "os"
)
func main() {
    args := os.Args[1:]                    //os.Args[0]的值是程序文件
    for _, arg := range args {
        fmt.Println(arg)
    }
}
```

上述代码的一次运行结果如图 13-2 所示。在图 13-2 中,程序文件名是 main.go,因此参数 os.Args[0]的值是⋯\main.exe,省略号代表 main.exe 的绝对路径。

图 13-2   os 包的使用

13.4   strconv 与 math 包

strconv 代表 String Conversion(字符串转换)。strconv 包提供了将字符串转换为其他数据类型,以及从其他数据类型转换为字符串的函数,如整数、浮点数和布尔值。它主要包含以下几个功能:

- Atoi()将字符串转换为整数;
- Itoa()将整数转换为字符串;
- ParseFloat()、ParseBool()等将字符串转换为指定的数据类型。

下面是一个使用 strconv 包将字符串转换为整数的示例:

```go
import (
    "fmt"
    "strconv"
)
func main() {
    input := "10"
    num, err := strconv.Atoi(input)
    if err != nil {
        fmt.Println("Error in converting string to integer:", err)
        return
```

```
    }
    fmt.Println("The converted number is:", num)
}
```

上述代码的输出结果：

```
The converted number is: 10
```

math 包提供了执行数学运算的各种函数，如表 13-2 所示。表 13-2 中参数的类型均为 float64。

表 13-2　math 包的常用函数

函数名	功　　能	函数名	功　　能
Abs(x)	求 x 的绝对值	Asin(x)	求 x 的反正弦(弧度)
Cbrt(x)	求 x 的立方根	Ceil(x)	对 x 上取整
Exp(x)	求 e 的 x 次幂	Floor(x)	对 x 下取整
Log(x)	求 x 的自然对数	Max(x, y)	求 x 与 y 的较大值
Min(x, y)	求 x 与 y 的较小值	Mod(x, y)	求 x/y 的浮点余数
Pow(x, y)	求 x 的 y 次幂	Round(x)	将 x 四舍五入到整数
Sin(x)	求 x 的正弦值(弧度)	Sqrt(x)	求 x 的算术平方根

举例：

```
import "fmt"
import "math"
func main() {
    fmt.Println(math.Sqrt(16))          //输出 4
    fmt.Println(math.Cbrt(8))           //输出 2
    fmt.Println(math.Max(5, 3))         //输出 5
    fmt.Println(math.Min(5, 3))         //输出 3
    fmt.Println(math.Mod(10, 4))        //输出 2
    fmt.Println(math.Round(3.56))       //输出 4
}
```

13.5　strings 与 reflect 包

strings 包提供了对 UTF-8 编码的字符串执行操作的函数，如表 13-3 所示。

表 13-3　strings 包的常用函数

函数名	功　　能	函数名	功　　能
Compare()	检查两个字符串是否相等	Contains()	检查字符串是否包含子串
Count()	统计子串在字符串中的出现次数	Join()	连接字符串数组的元素形成一个新串
ToLower()	将字符串转换为小写	ToUpper()	将字符串转换为大写

举例：

```
import "fmt"
import "strings"
func main() {
    lower := strings.ToLower("GOOD")
    fmt.Println(lower)                        //输出 good
    upper := strings.ToUpper("good")
    fmt.Println(upper)                        //输出 GOOD
    stringArray := []string{"Amazing", "China"}
    joinedString := strings.Join(stringArray, " ")
    fmt.Println(joinedString)                 //输出 Amazing China
}
```

reflect 是"反射"的意思。当程序运行时，reflect 能检查一个变量的值及其类型。
举例：

```
import (
    "fmt"
    "reflect"
)
type Book struct {
    Title  string
    Author string
    Year   int
}
func main() {
    myBook := Book{"Golang", "hui", 2023}
    t := reflect.TypeOf(myBook)
    k := t.Kind()
    fmt.Println(t)                            //输出 main.Book
    fmt.Println(k)                            //输出 struct
    v := reflect.ValueOf(myBook)
    fmt.Println(v)                            //输出 {Golang hui 2023}
    fmt.Println(v.NumField())                 //输出 3
    fmt.Println(v.Field(1))                   //输出 hui
}
```

另外，NumMethod()函数能返回一个结构体的方法数（要求方法名的首字母大写）。
举例：

```
import (
    "fmt"
    "reflect"
)
type A struct{}
func (a A) F1() {}                            //方法名的首字母大写
func (a A) F2() {}                            //同上
```

```
func (a A) f3() {}                                    //方法名的首字母小写
func main() {
    a := A{}
    fmt.Println(reflect.TypeOf(a).NumMethod())     //方法 F1()和 F2()
}
```

上述代码的输出结果：

2

reflect 在生成数据库查询语句等任务中也是很有用的一种技术，限于篇幅，本书不再举例。

13.6 小结

Go 语言拥有丰富的内置包（46 个），这使得程序开发人员可以很容易地编写出既高效又可靠的代码。本章选取了其中 9 个常用的内置包进行初步介绍，分别是 fmt、net/http、encoding/json、io、os、strconv、math、strings 和 reflect 包。

练习题

1. Go 语言内置包的路径是_____。

2. 写出 Go 语言 5 个常用的内置包。

3. 查看环境变量 GOROOT，可以在 Windows 命令提示符下执行命令_____。

4. 编写 Web 应用程序需要使用_____包。

5. 编码和解码 JSON 数据需要使用_____包。

6. _____函数将 Go 数据结构转换为 JSON 数据。

7. strconv 包的功能是什么？写出其中 3 个常用函数的函数名。

8. 写出数学包 math 5 个常用函数的函数名。

9. 简述 reflect 包的功能。

10. 为了将错误信息进行格式化输出，需要使用_____函数。

11. 编写程序，使用 os 包读取并显示命令行参数。

12. 编写程序，将字符串"3.14"转换为浮点数。

13. 查阅资料，写出一个方便易用的 Go 图形用户界面（Graphical User Interface，GUI）工具包。

14. 写出下列代码的执行结果_____。

```
import (
    "fmt"
    "log"
    "net/http"
)
func main() {
```

```go
resp, err := http.Get("http://www.baidu.com")
if err != nil {
    log.Fatal(err)
}
buf := make([]byte, 15)
resp.Body.Read(buf)
fmt.Println(string(buf))
}
```

图 书 资 源 支 持

感谢您一直以来对清华版图书的支持和爱护。为了配合本书的使用，本书提供配套的资源，有需求的读者请扫描下方的"书圈"微信公众号二维码，在图书专区下载，也可以拨打电话或发送电子邮件咨询。

如果您在使用本书的过程中遇到了什么问题，或者有相关图书出版计划，也请您发邮件告诉我们，以便我们更好地为您服务。

我们的联系方式：

清华大学出版社计算机与信息分社网站：https://www.shuimushuhui.com/

地　　址：北京市海淀区双清路学研大厦 A 座 714

邮　　编：100084

电　　话：010-83470236　010-83470237

客服邮箱：2301891038@qq.com

QQ：2301891038（请写明您的单位和姓名）

资源下载：关注公众号"书圈"下载配套资源。

资源下载、样书申请

图书案例

书圈　　　　　　清华计算机学堂　　　　观看课程直播